## 1.1 Bruch als Quotient natürlicher Zahlen

3 **1.** 25 Kinder teilen sich 7 Liter Eis:
$7\,\ell : 25 = \frac{7}{25}\,\ell = 280\,\text{m}\ell$
5 kg Bonbons sollen an 8 Kinder verteilt werden:
$5\,\text{kg} : 8 = \frac{5}{8}\,\text{kg} = 625\,\text{g}$
Es sind noch 26 min bis zum Essen. Jedes der 4 Kinder soll bis dahin gleich lang schaukeln dürfen:
$26\,\text{min} : 4 = \frac{26}{4}\,\text{min} = 390\,\text{s}$

## 1.2 Anteile bei beliebigen Größen – Drei Grundaufgaben

### 1.2.1 Bestimmen eines Teils von einer Größe

**2.**

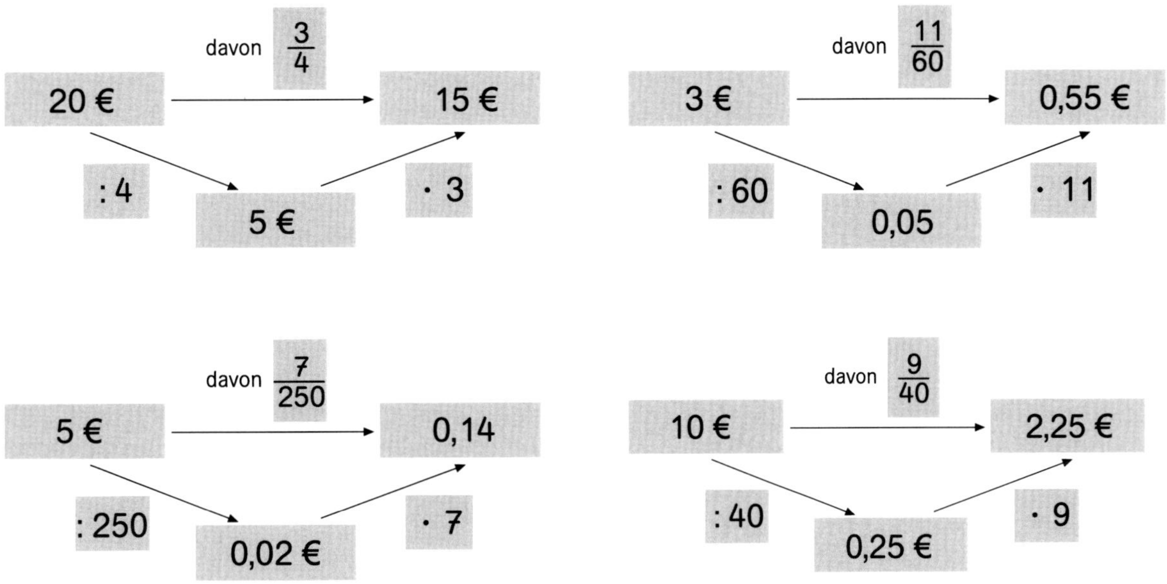


4 **3.** **a)**

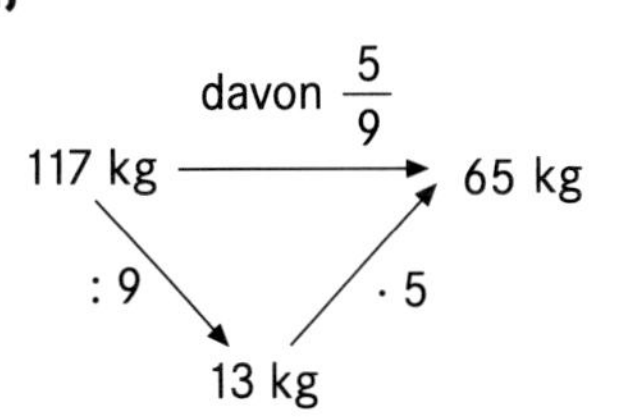


**b)**

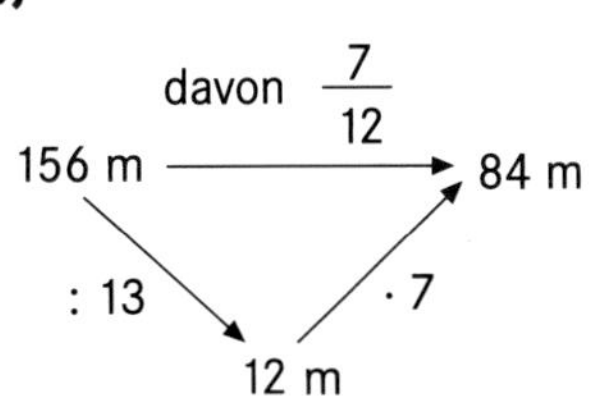


**c)**

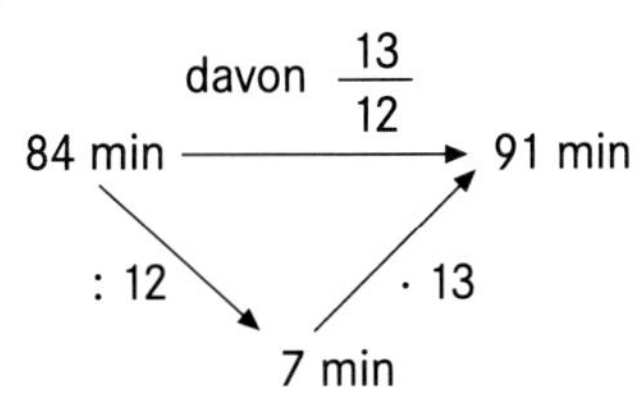


**d)**

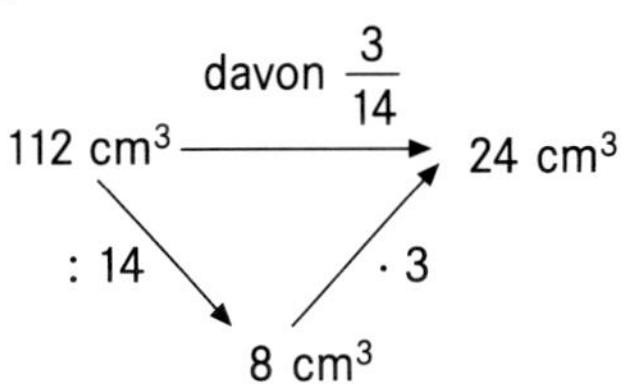


**e)**

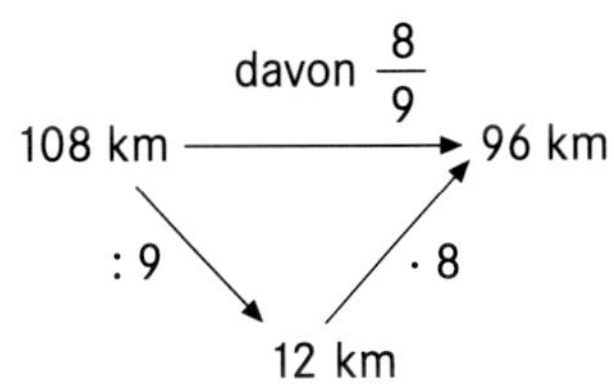


**f)**

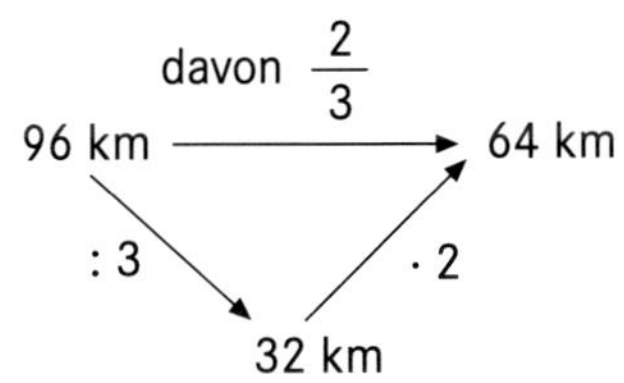

### 1.2.2 Bestimmen des Ganzen

4 **4.**

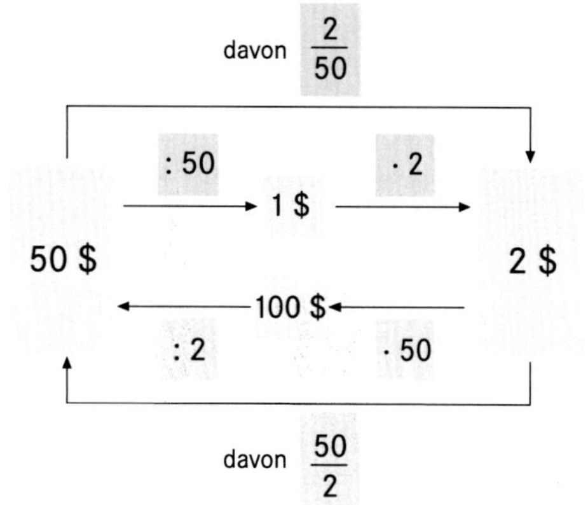


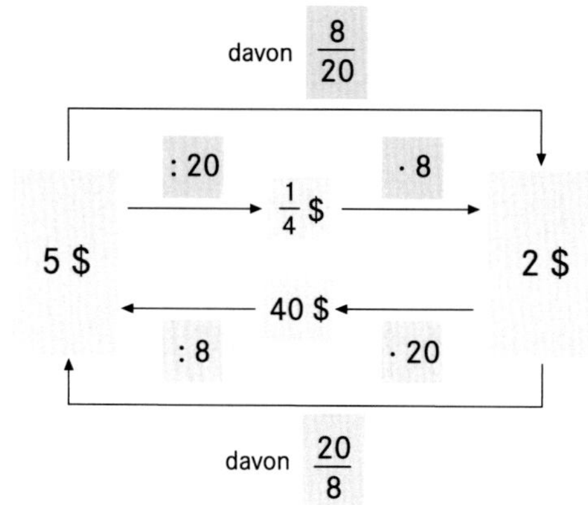


### 1.2.3 Bestimmen des Anteils

5 **5. a)** Tim: 𝍸 |||
Mareike: 𝍸 |
Philipp: 𝍸
Juliane: 𝍸 ||

**b)** $\frac{8}{26}=\frac{4}{13}$ **c)** $\frac{6}{26}=\frac{3}{13}$ **d)** $\frac{12}{26}=\frac{6}{13}$

### 1.2.4 Angabe von Anteilen in Prozent

**6. a)** $25\,\% = \frac{25}{100}$ **b)** $37\,\% = \frac{37}{100}$ **c)** $55\,\% = \frac{55}{100}$ **d)** $76\,\% = \frac{76}{100}$

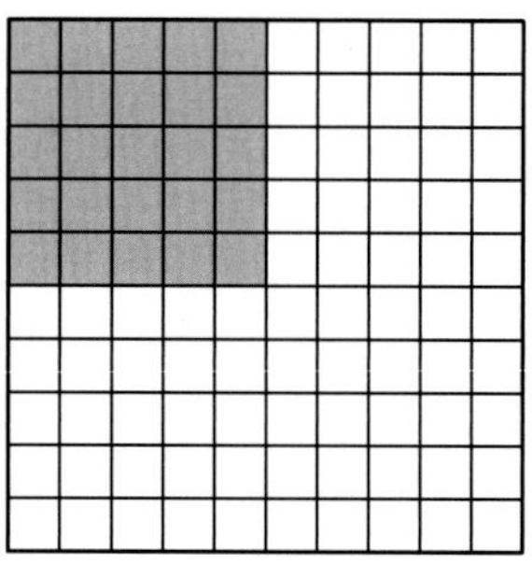
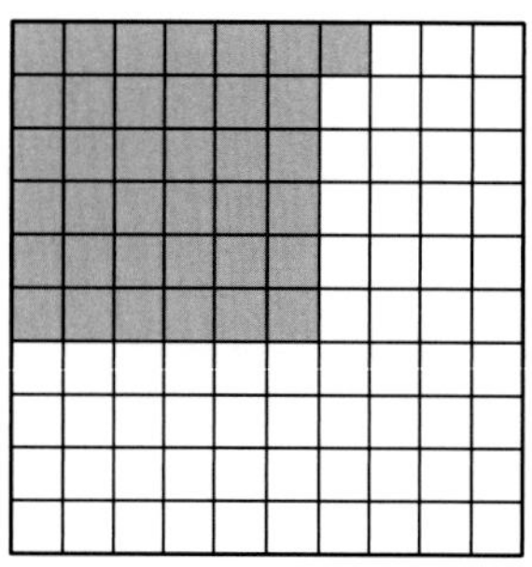
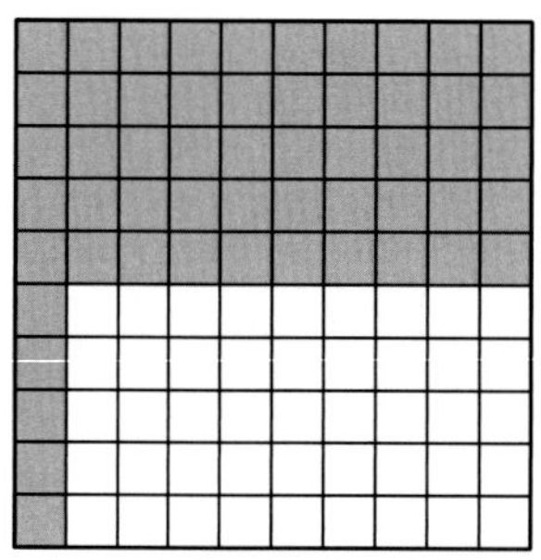
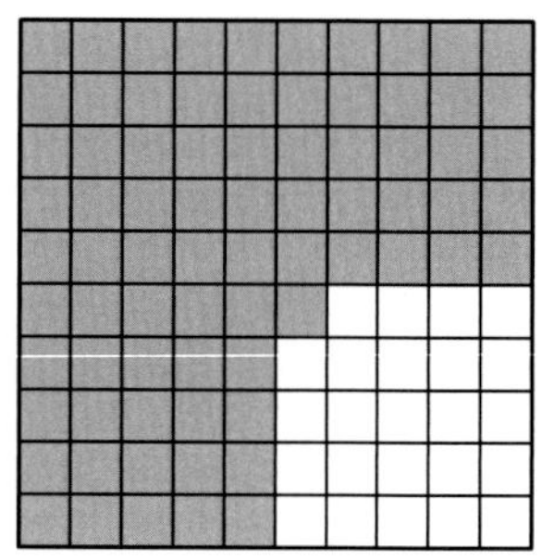

Gelb: $\frac{75}{100} = 75\,\%$ $63\,\% = \frac{63}{100}$ $\frac{45}{100} = 45\,\%$ $24\,\% = \frac{24}{100}$

**7. a)** z. B

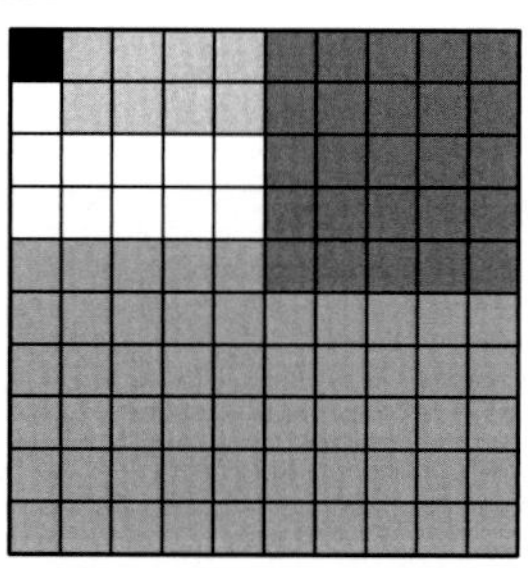

Es bleiben 0–15 % ungefärbt.

**b)** $\frac{3}{10} = 30\,\%$ $\frac{1}{20} = 5\,\%$
$\frac{10}{25} = 40\,\%$ $\frac{1}{4} = 25\,\%$

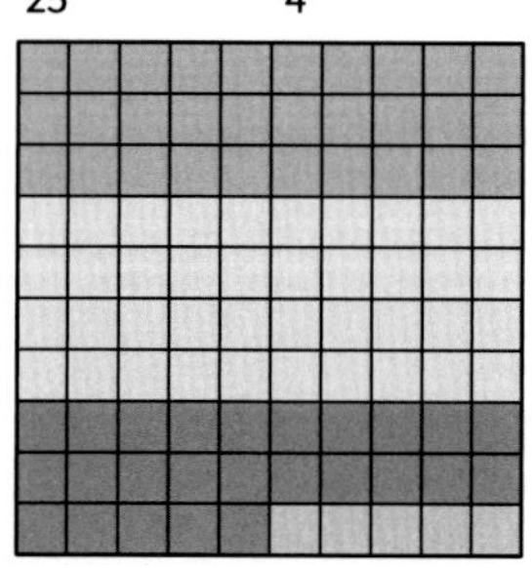

## 1.3 Mischungs- und Teilungsverhältnisse

6 **8.** *Beispiele:*

**a)**

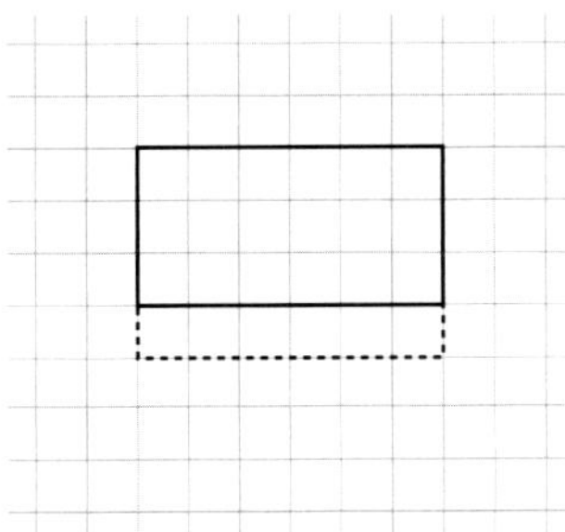

**b)**

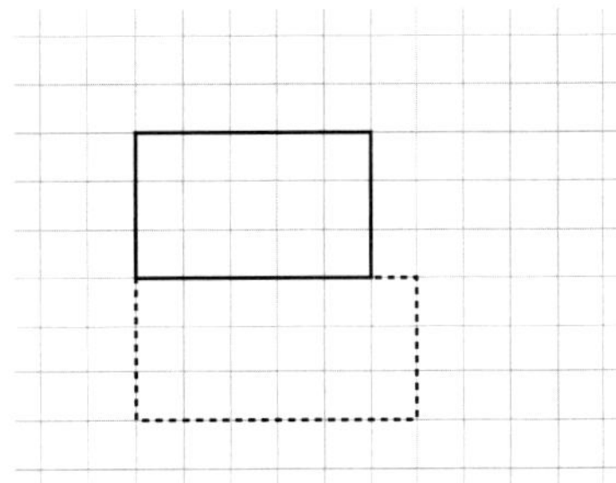

**9. a)** Es wird 500 mℓ Farbe benötigt. **b)** Blau hat einen Anteil von $\frac{3}{5} = 60\,\%$.

**10.** Möglichkeit 1: 1 ℓ Wasser und 4 ℓ Easyclean;
Möglichkeit 2: 0,5 ℓ Wasser und 4,5 ℓ Easyclean;
Möglichkeit 3: $\frac{1}{3}$ ℓ Wasser und $4\frac{2}{3}$ ℓ Easyclean.

## 1.4 Zahlenstrahl – Bruchzahlen

**11. a)**

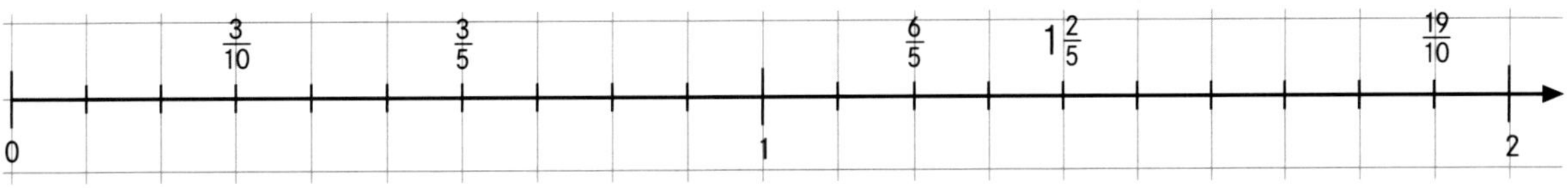


**b)**

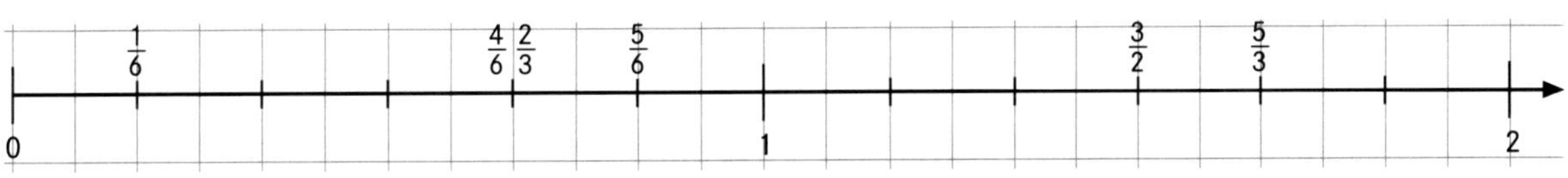


7 **12. a)** $\frac{3}{2} = 1\frac{1}{2}$ **b)** $\frac{5}{4} = 1\frac{1}{4}$ **c)** $\frac{7}{4} = 1\frac{3}{4}$ **d)** $\frac{5}{2} = 2\frac{1}{2}$ **e)** $\frac{10}{4} = 2\frac{2}{4}$ **f)** $\frac{16}{4} = 4$

**g)** $\frac{15}{8} = 1\frac{7}{8}$ **h)** $\frac{27}{8} = 3\frac{3}{8}$

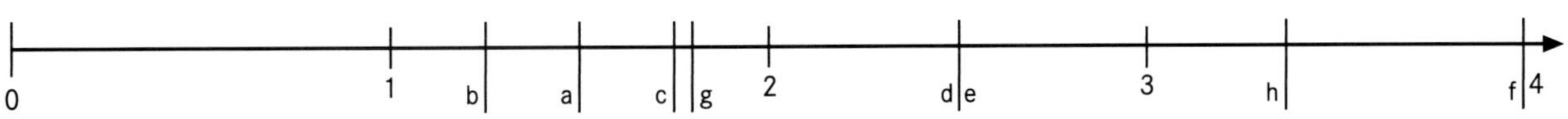


## 1.5 Ordnen von Bruchzahlen

**13.**

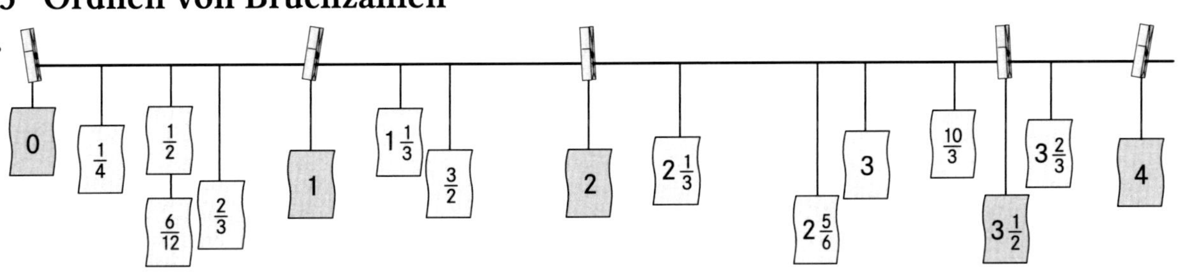


**14. a)** wahr **b)** falsch **c)** falsch **d)** wahr **e)** wahr **f)** falsch **g)** wahr **h)** wahr

**15. a)** < Begründung: $\frac{4}{5} = \frac{24}{30} < \frac{25}{30} = \frac{5}{6}$ Der Zählervergleich führt zur Lösung.

**b)** > Begründung: $\frac{5}{4} = \frac{10}{8} > \frac{7}{8}$ Auch hier führt der Zählervergleich zur Lösung.

**c)** < Begründung: $\frac{5}{12} = \frac{20}{48} < \frac{27}{48} = \frac{9}{16}$ Auch hier führt der Zählervergleich zur Lösung.

## 1.6 Addieren und Subtrahieren von Bruchzahlen

7 **16. a)**

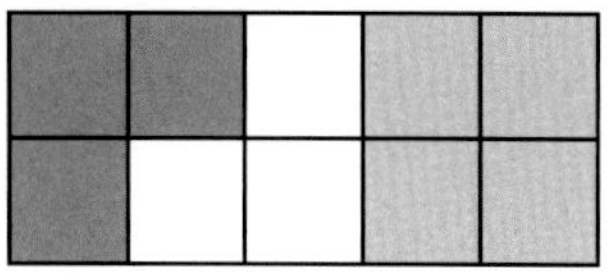

$\frac{3}{10} + \frac{2}{5} = \frac{7}{10}$

**b)**

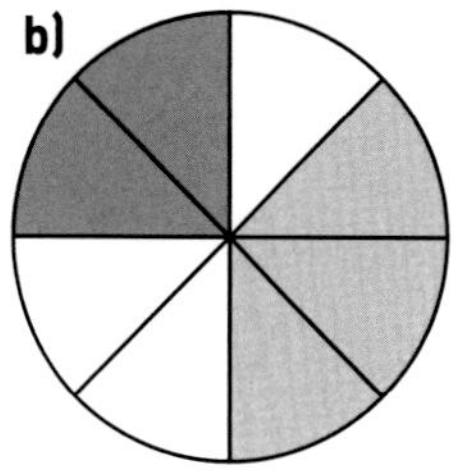

$\frac{1}{4} + \frac{3}{8} = \frac{5}{8}$

**c)**

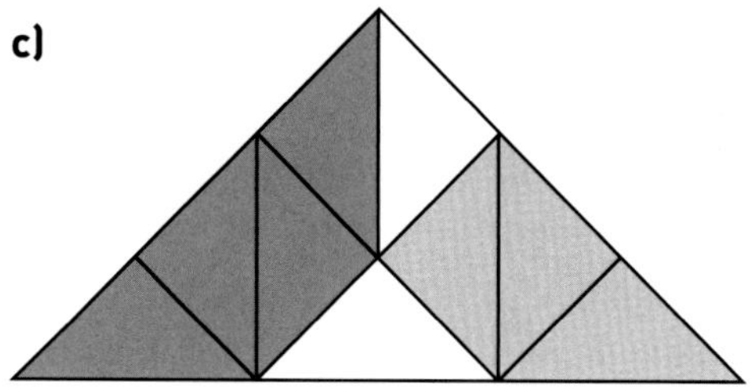

$\frac{4}{9} + \frac{1}{3} = \frac{7}{9}$

8 **17. a)** (1), (9) **b)** (5), (6), (7)

**18.** Blau + Rot: $\frac{1}{15} + \frac{7}{30} = \frac{9}{30}$

Grün + Gelb: $\frac{1}{3} + \frac{4}{15} = \frac{3}{5}$

Grün – Gelb: $\frac{1}{3} - \frac{4}{15} = \frac{1}{15}$

Blau + Gelb + Rot: $\frac{1}{15} + \frac{4}{15} + \frac{7}{30} = \frac{17}{30}$

Gelb – Rot: $\frac{4}{15} - \frac{7}{30} = \frac{1}{30}$

Blau + Grün – Gelb: $\frac{1}{15} + \frac{5}{15} - \frac{4}{15} = \frac{2}{15}$

geordnete Reihenfolge: $-\frac{1}{30} < \frac{1}{30} < \frac{1}{15} < \frac{9}{30} < \frac{17}{30} < \frac{3}{5}$

**19.**

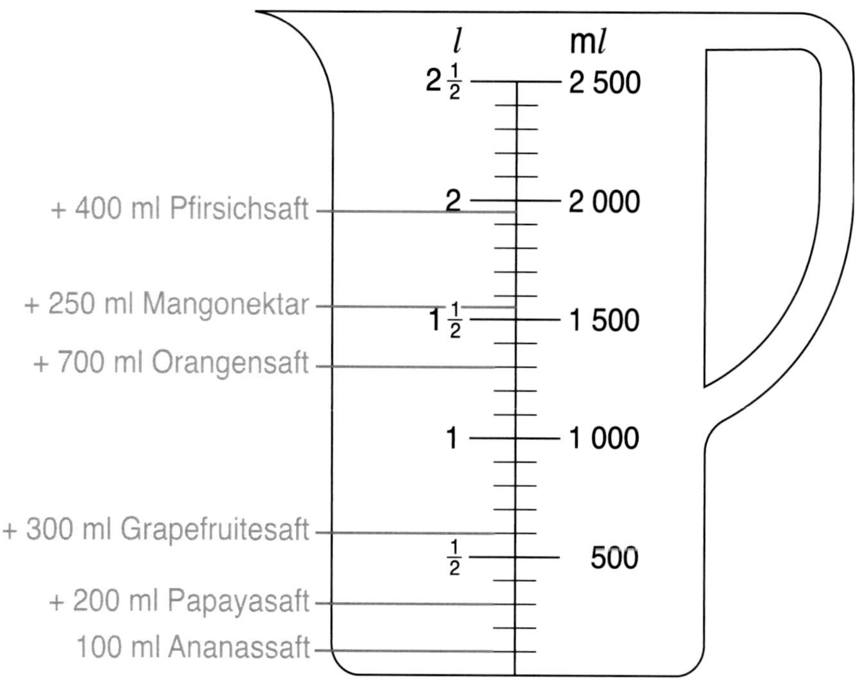


**20.**

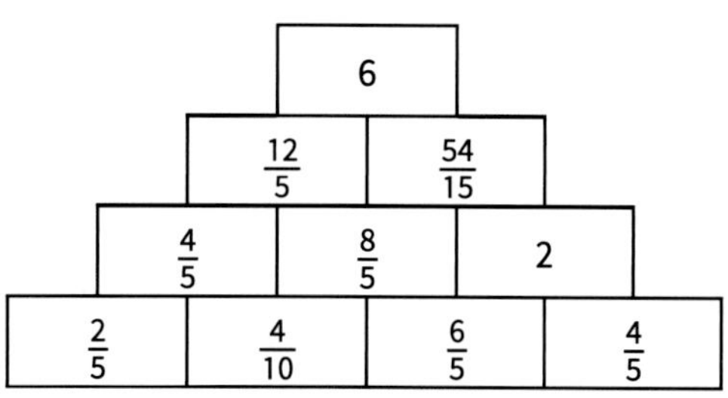

## 1.7 Kommutativ- und Assoziativgesetz der Addition

8 **21.**

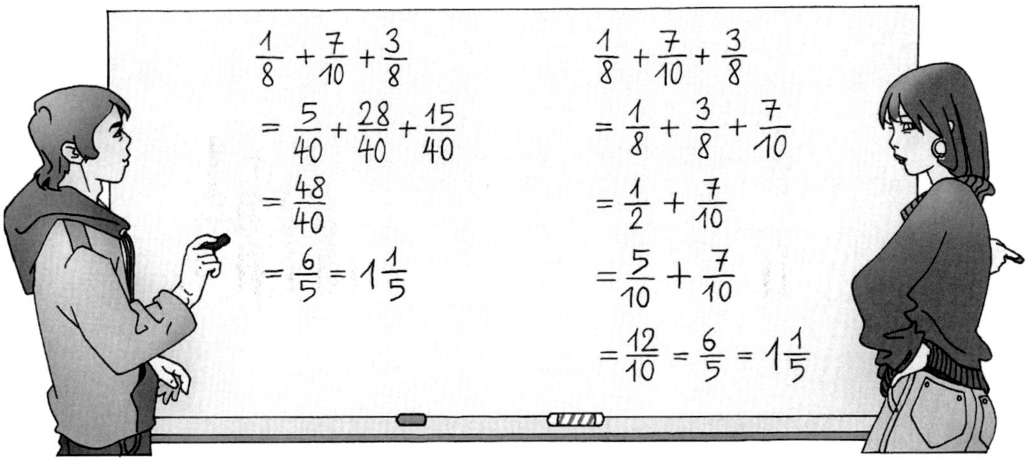


Tom sollte das Kommutativgesetz verwenden und die Summanden wie in der rechten Rechnung umordnen.

## 1.8 Vervielfachen und Teilen von Brüchen

### 1.8.1 Vervielfachen von Brüchen

9 **22. a)** **(1)** $\frac{1}{8} + \frac{1}{8} + \frac{1}{8} = \frac{3}{8}$ oder $\frac{1}{8} \cdot 3 = \frac{3}{8}$ (jeweils drei Teile müssen gefärbt sein)

**b)** **(2)** $\frac{3}{5} + \frac{3}{5} = \frac{6}{5} = 1\frac{1}{5}$ oder $\frac{3}{5} \cdot 2 = \frac{6}{5} = 1\frac{1}{5}$ (je ein ganzer Kreis und ein weiterer Teil müssen gefärbt sein)

**23. a)**

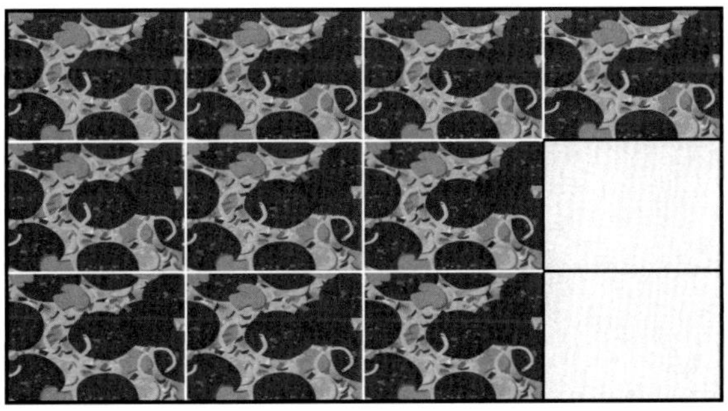

$\frac{5}{12} \cdot 2 = \frac{10}{12}$

**b)**

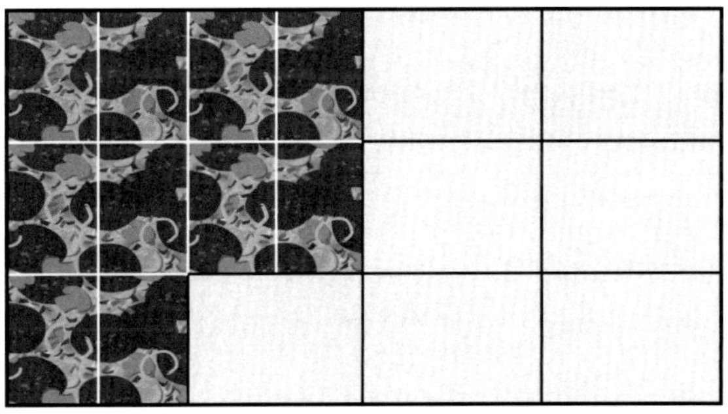

$\frac{5}{12} \cdot \frac{2}{2} = \frac{10}{24}$

### 1.8.2 Teilen von Brüchen

**24. a)** $\frac{4}{5} : 2 = \frac{2}{5}$

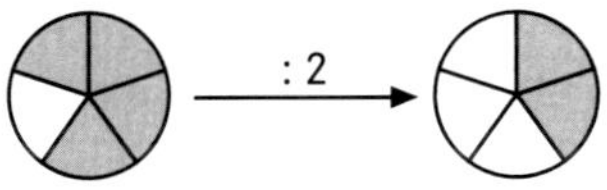


**b)** $\frac{3}{4} : 2 = \frac{3}{8}$

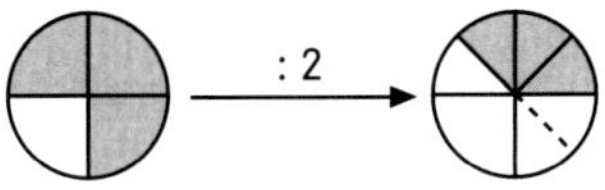


**c)** $\frac{1}{2} : 4 = \frac{1}{8}$

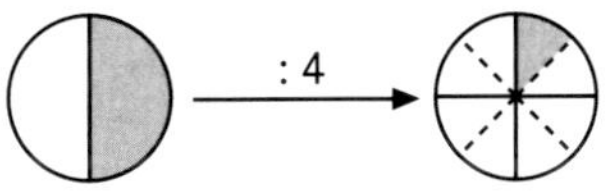


**d)** $\frac{3}{2} : 2 = \frac{3}{4}$

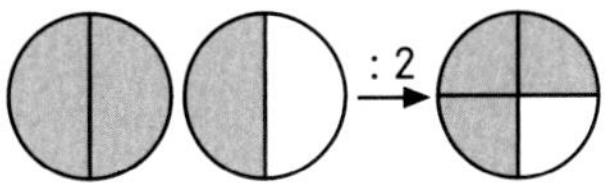


**e)** $1\frac{3}{5} : 2 = \frac{8}{10} = \frac{4}{5}$

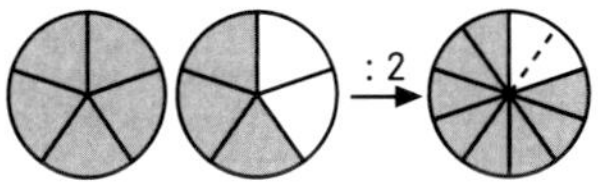


**f)** $\frac{1}{4} : 3 = \frac{1}{12}$

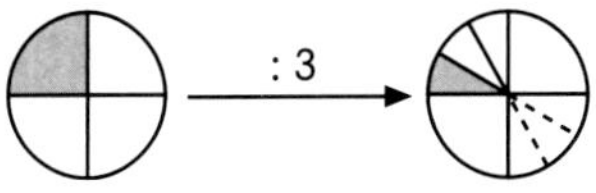

## 2.1 Kreise

10 **1.**

| Durchmesser | $\overline{CE}$ |
|---|---|
| Radius | $\overline{AC}$, $\overline{AE}$, $\overline{AB}$ |
| Sehne | $\overline{DE}$, $\overline{CE}$, $\overline{BC}$ |
| Mittelpunkt | A |

**2. a)** falsch; **b), c), d)** wahr

**3. a)** r = 5 cm, d = 10 cm

**b)** M (5 | 5)

**c)**

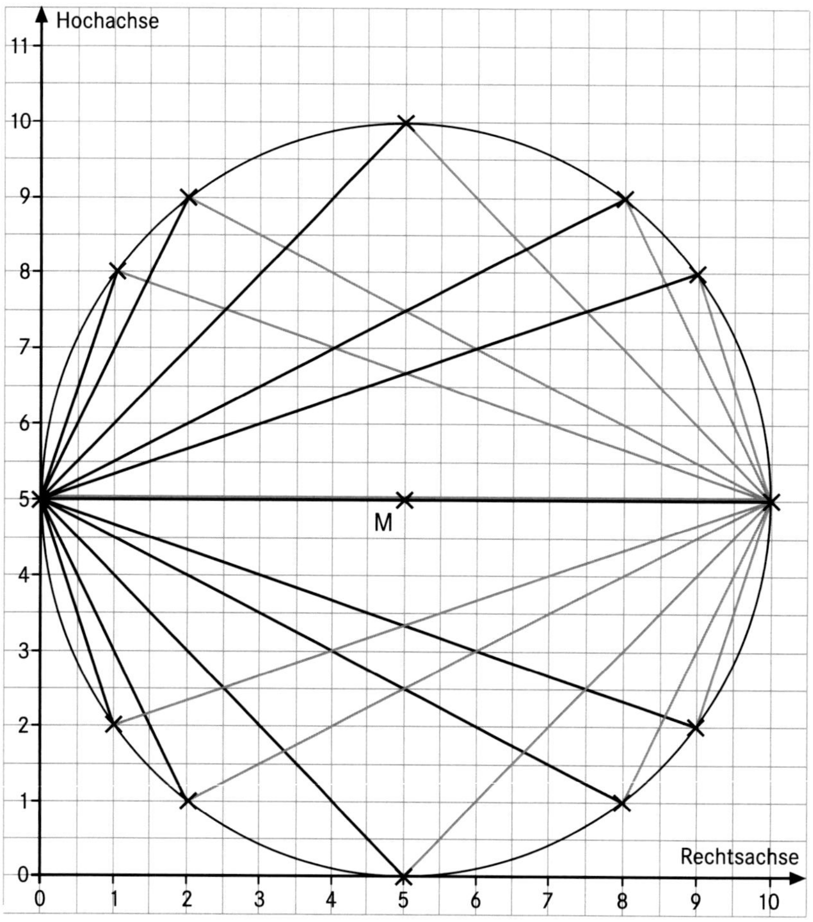


**d)** orthogonal zueinander sind:

- jeweils die beiden Sehnen, die sich in den markierten Punkten schneiden (außer (0 | 5) und (10 | 5))
- in (0 | 5) und (10 | 5) sind orthogonal:
  die längste und die kürzeste Sehne (außer Durchmessersehne), zweitlängste und zweitkürzeste Sehne und drittlängste und drittkürzeste Sehne.
  Parallel zueinander sind:
  Sehnen von (6 | 5) zu einem der anderen Punkte und entsprechende Sehne von (10 | 5) zum ensprechenden Punkt auf der gegenüber liegenden Sehne des Durchmessers.
  Gleichlang sind jeweils die vier Sehnen von (0 | 5) bzw. (10 | 5) zu den einzelnen Punkten links und rechts (z. B. von (0 | 5) nach (1 | 8) und (1 | 2) sowie von (10 | 5) nach (9 | 8) und (9 | 2)).

## 2.2 Halbgerade – Winkel

11 **4. a)**

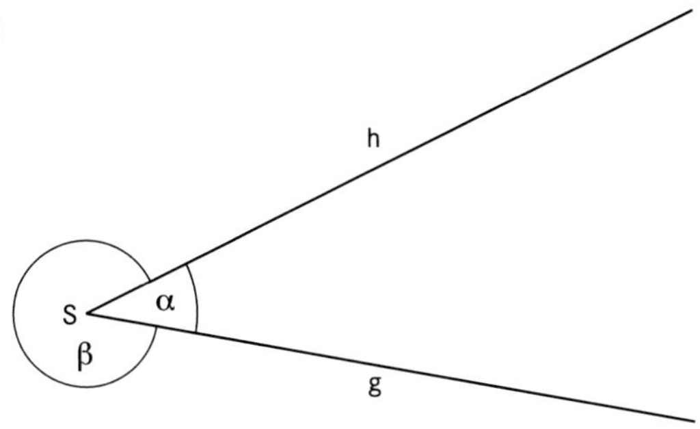


**b)** Winkel werden in der Regel gegen den Uhrzeigersinn abgetragen. Liegt die Gerade g der Konstruktion zu Grunde, so entsteht der Winkel α. Liegt die Gerade h zu Grunde, so entsteht der Winkel β.

**5.**

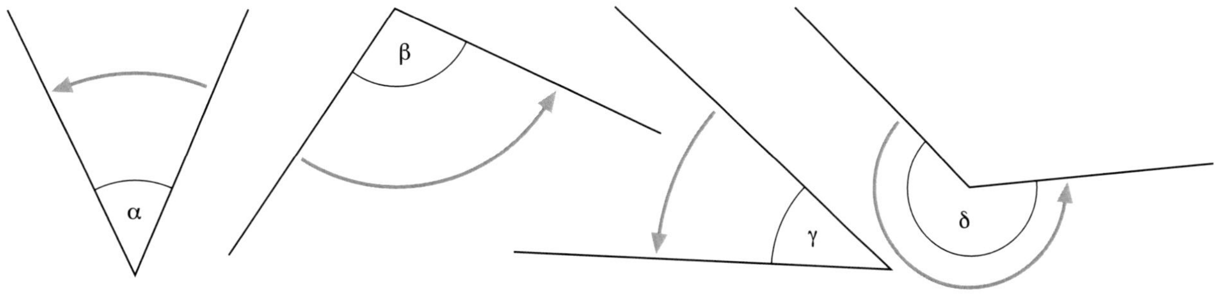


**6.**

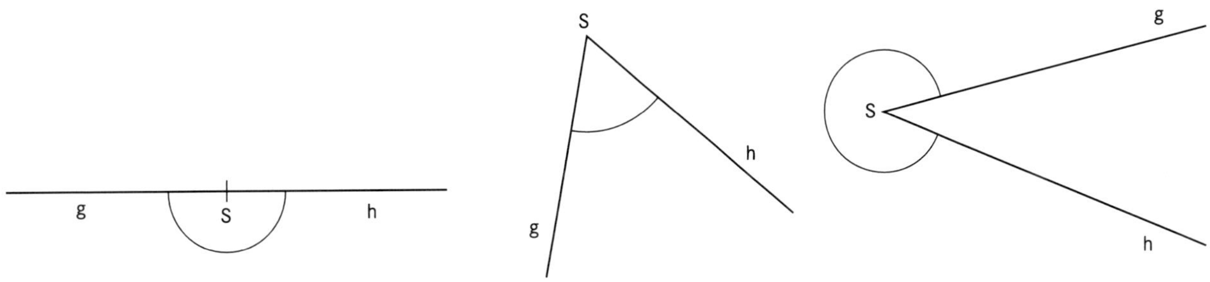


## 2.3 Messen von Winkeln – Winkelarten

**7.**

| Bild (1) | Bild (2) | Bild (3) | Bild (4) | Bild (5) | Bild (6) |
|---|---|---|---|---|---|
| spitzer Winkel | gestreckter Winkel | überstumpfer Winkel | rechter Winkel | stumpfer Winkel | Vollwinkel |
| $0° < \alpha < 90°$ | $\alpha = 180°$ | $180° < \alpha < 360°$ | $\alpha = 90°$ | $90° < \alpha < 180°$ | $\alpha = 360°$ |

12 **8. a)**

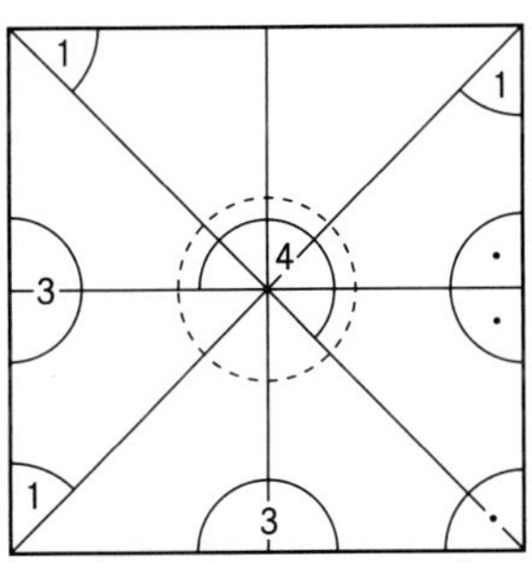


1 spitzer Winkel

· rechter Winkel

4 überstumpfer Winkel

3 gestreckte Winkel

◌ Vollwinkel

**b)** –

**9.** –

12 **10. a)** Der Kreis ist in 360 Teile eingeteilt. Der dazugehörige Vollwinkel beträgt 360°. Ein Teilstrich ist deshalb: 1°.

**b)** Es bleibt ein Winkel von 60° übrig.

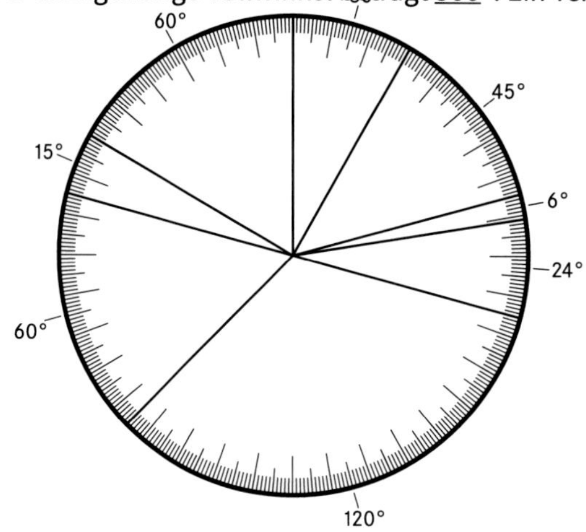


## 2.4 Zeichnen von Winkeln

13 **11.** Biene A: Wabe 1; Biene B: Wabe 9; Biene C: Wabe 3; Biene D: Wabe 7

## 2.5 Kreisausschnitt – Mittelpunktswinkel

14 **12. a)** 1. Rad: 20 Speichen; Mittelpunktswinkel: 18°

2. Rad: 18 Speichen; Mittelpunktswinkel: 20°

3. Rad: 16 Speichen; Mittelpunktswinkel: 22,5°

**b)**

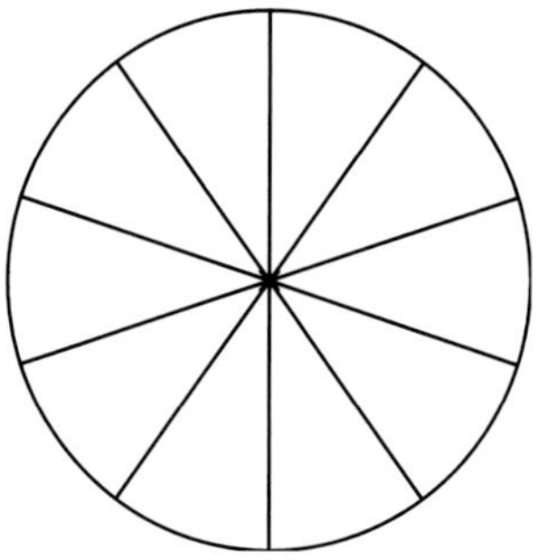

Der Mittelpunktswinkel beträgt 36°.

**13 a)** 1. Rad: Mittelpunktswinkel: 40°

2. Rad: Mittelpunktswinkel: 45°

**b)**

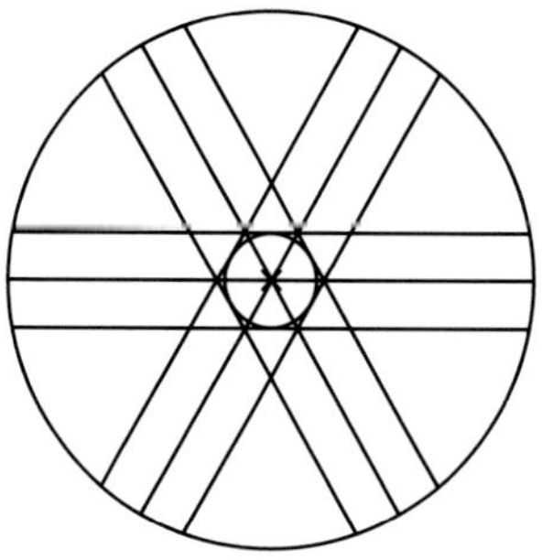

## 2.6 Achsensymmetrie

15 **14.**

**15.**

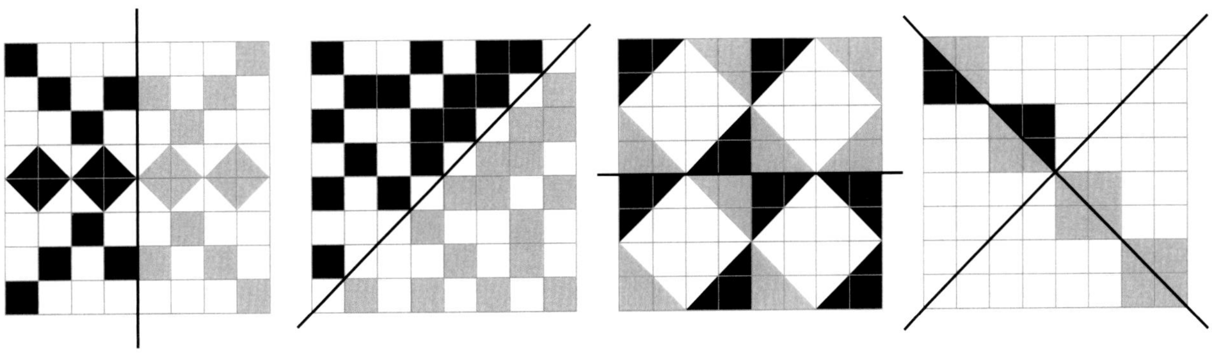

**16. a)** Saardom: Bruder, da der linke Turm z. B. andere Fenster hat.
Meissen-Dom: Zwillinge, da die beiden Türme sich spiegelbildlich nicht unterscheiden.

**b)/c)/d)** –

## 2.7 Spiegeln an einer Geraden

16 **17.**

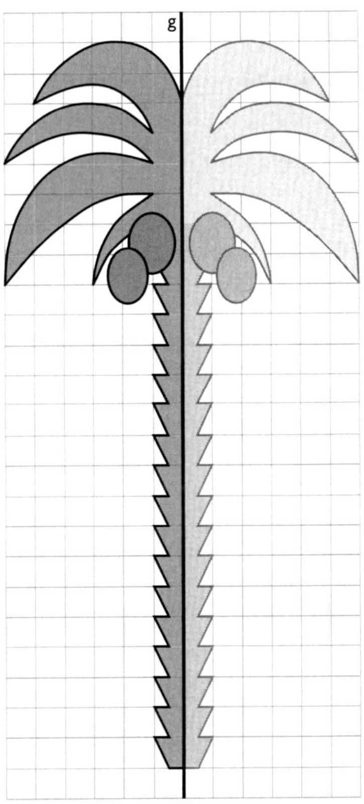


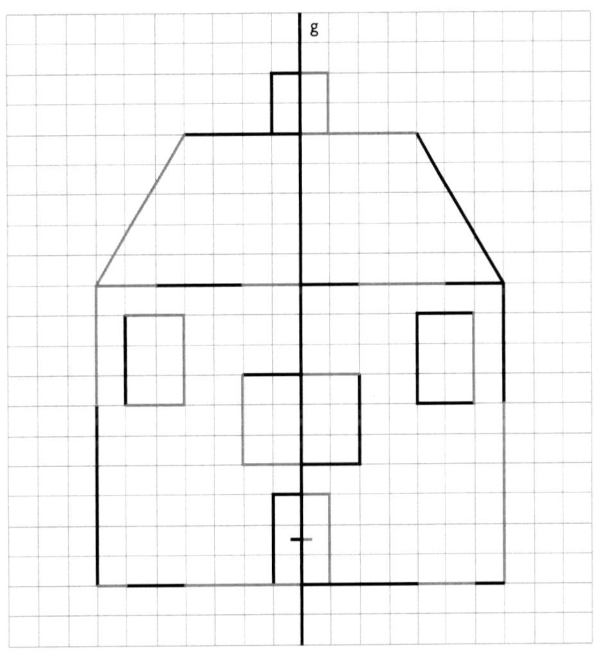

16 **18. a)** bis **c)**

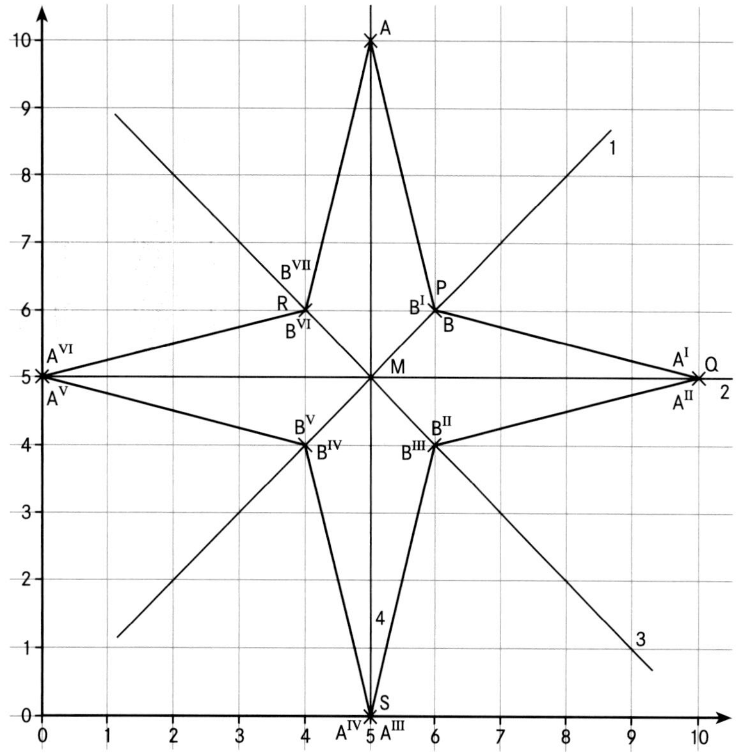


Es entsteht ein Stern.

**d)** A (5|10), R = $B^{VI}$ = $B^{VII}$ (4|6), $A^{V}$ = $A^{VI}$ (0|5), $B^{IV}$ = $B^{V}$ (4|4), S = $A^{III}$ = $A^{IV}$ (5|0), $B^{II}$ = $B^{III}$ (6|4), $A^{I}$ = $A^{III}$ (10|5), P = B = $B^{I}$ (6|6)

## 2.8 Punktsymmetrie – Spiegeln an einem Punkt

17 **19.**

Punktsymmetrisch: Karten 1, 2 und 4

Achsensymmetrisch: Karten 1, 2, und 3

**20.a)** **(1)**

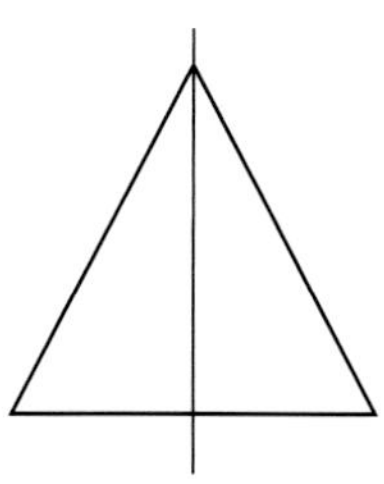

**(2)** z. B. Figur (2) aus Aufgabe 26

**(3)**

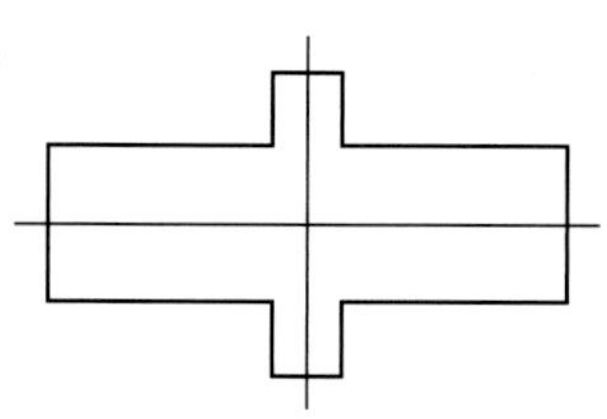

**b)** (1), (2) nicht möglich

18 **21.** **a)** **b)** **c)**

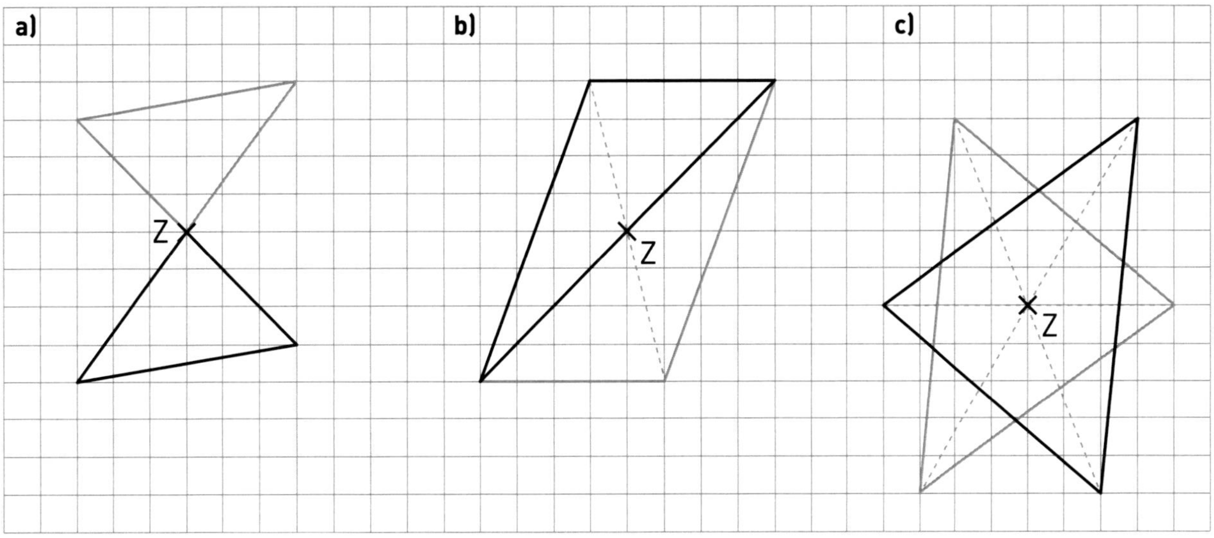


**22.** **a)**

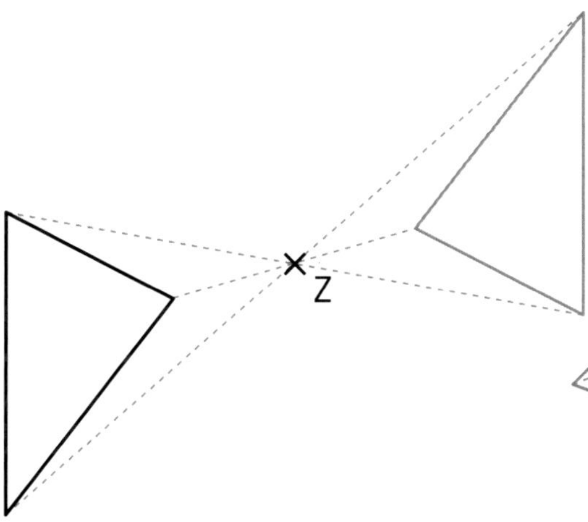


**b)**

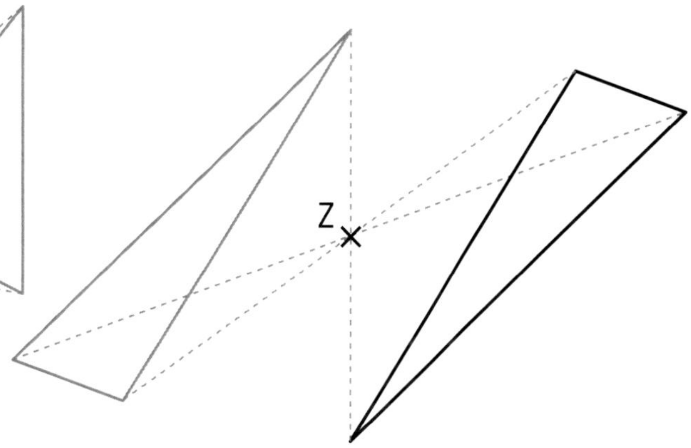


**23.** Hier die richtigen Abbildungen.

**a)**

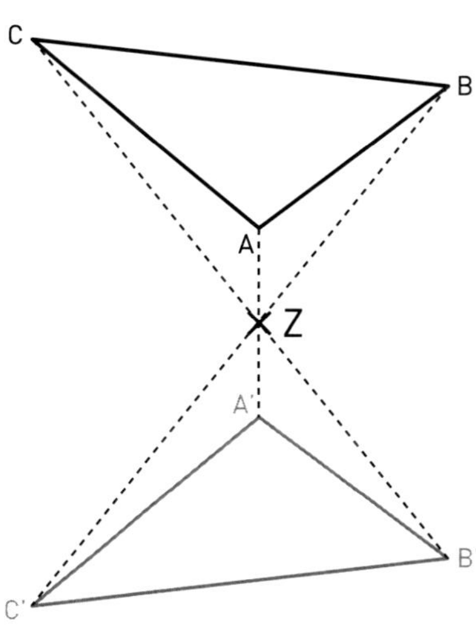


**b)**

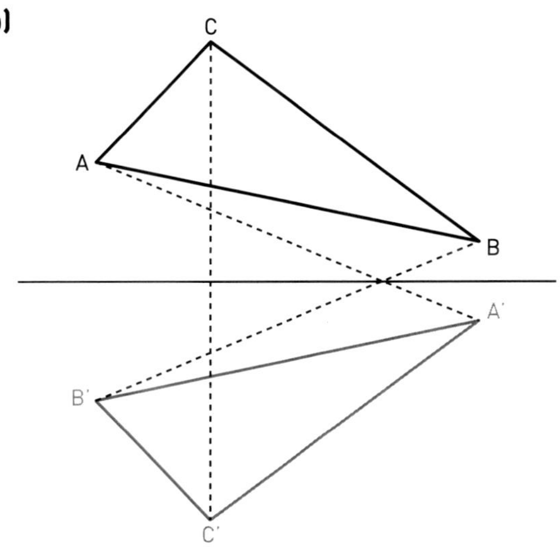


Tobias hat bei b) falsch gespiegelt. Die Figur ist nicht punktsymmetrisch (es gibt keinen Punkt Z). Tobias hat sich hier vertan, die Figur ist achsensymmetrisch.

## 2.9 Verschiebungen und ihre Eigenschaften

19 **24.**

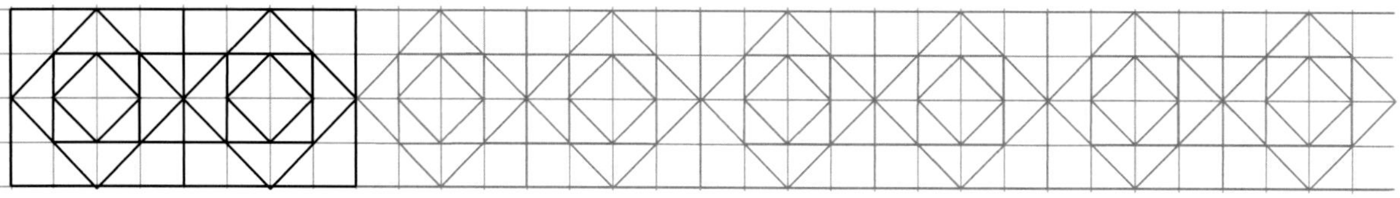

**25.**

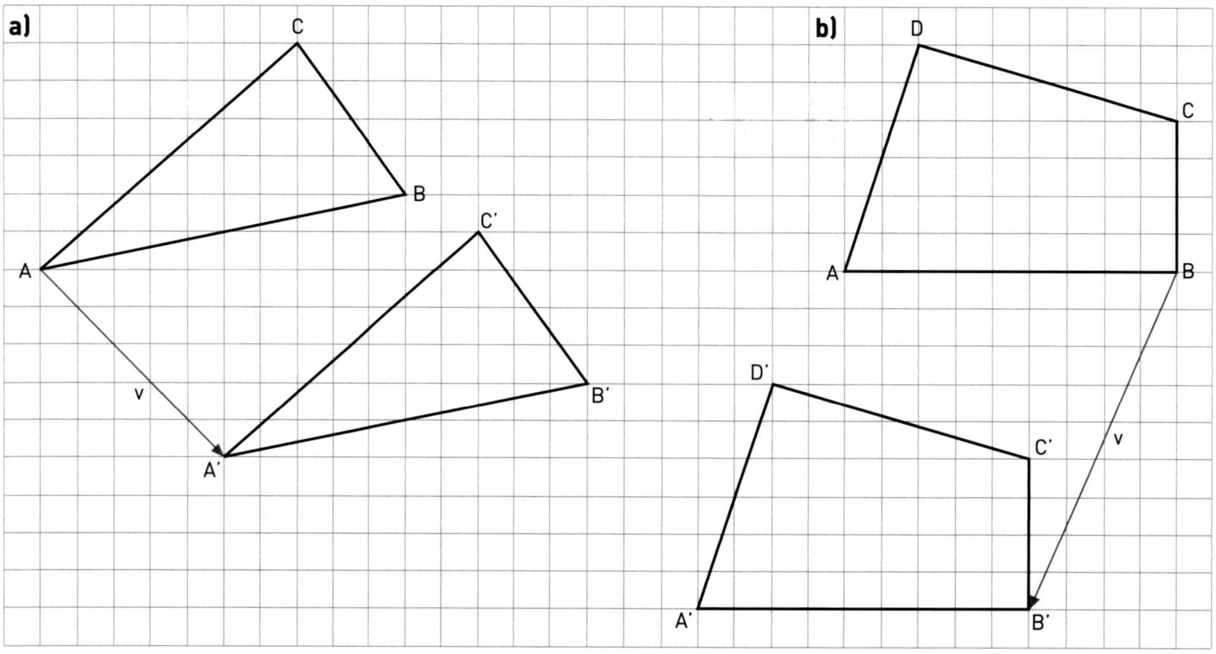


**26.**

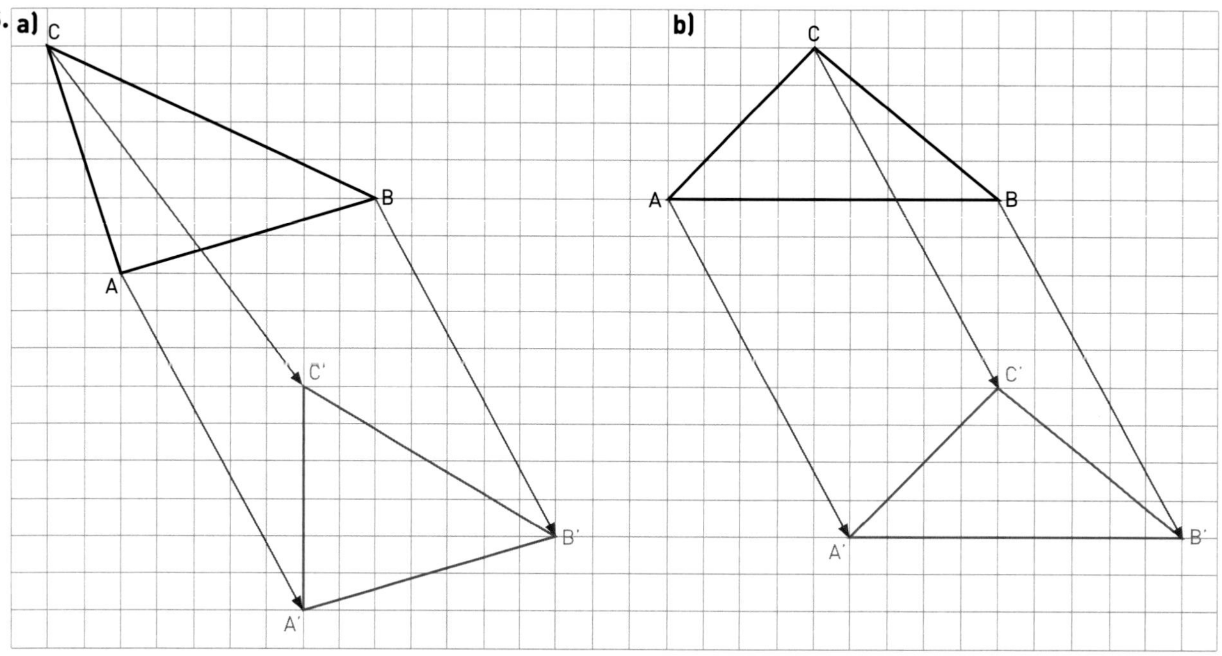


In Teilaufgabe a) wurde Punkt C falsch verschoben. Dies erkennt man daran, dass die Verschiebungspfeile nicht parallel zu einander verlaufen.

## 2.10 Drehungen – Drehsymmetrie

20 **27.**

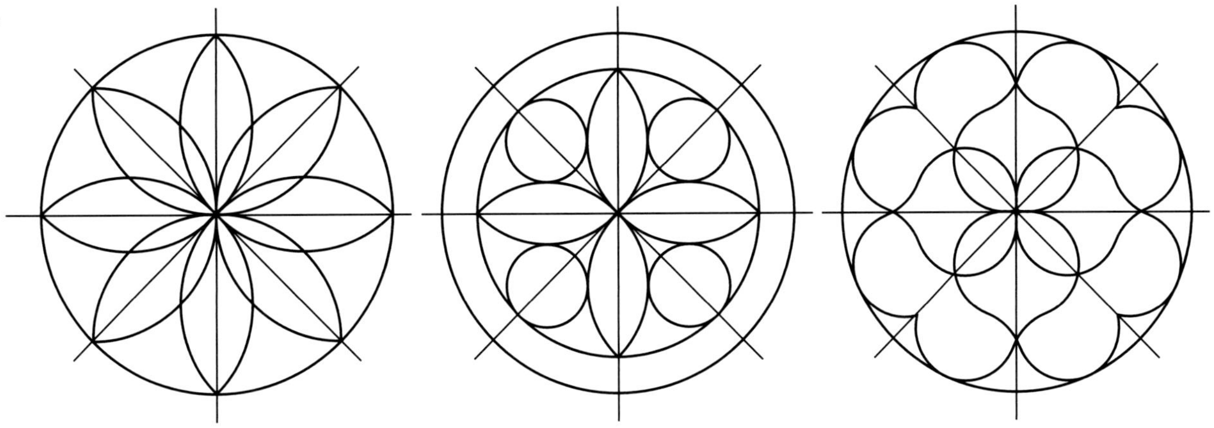

**28. a)**

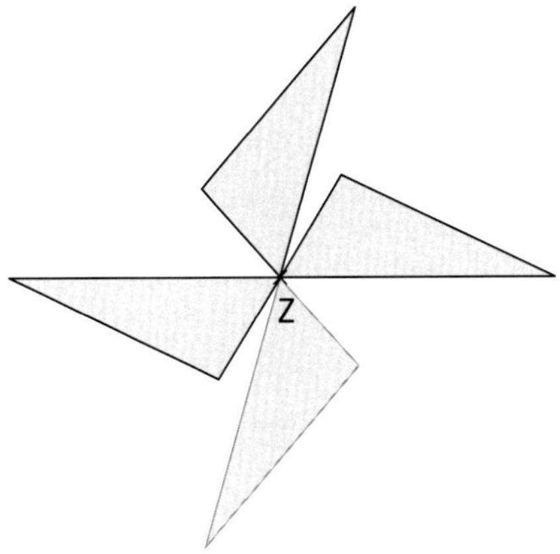


**b)**

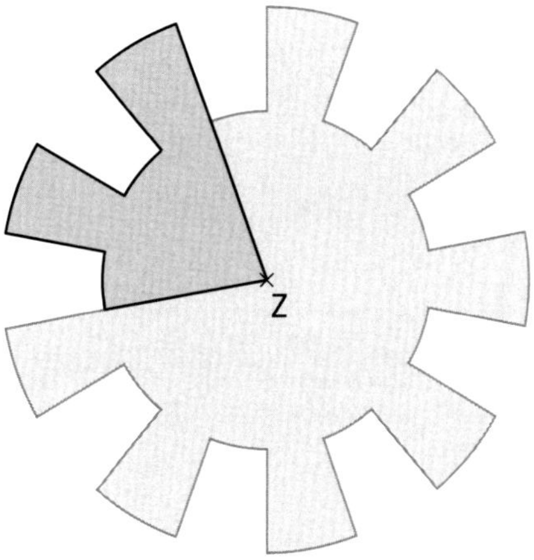


**29. a)**

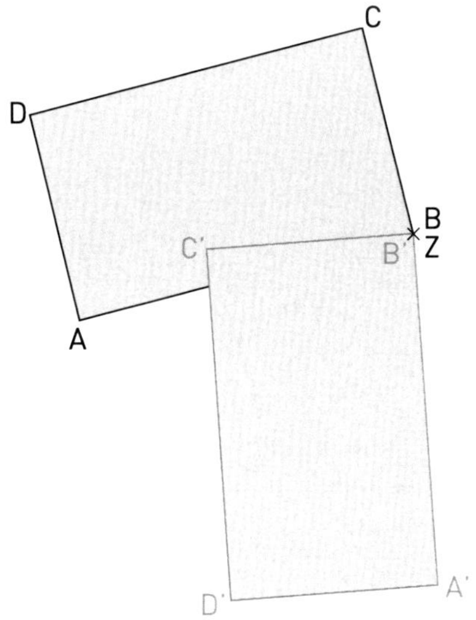


**b)**

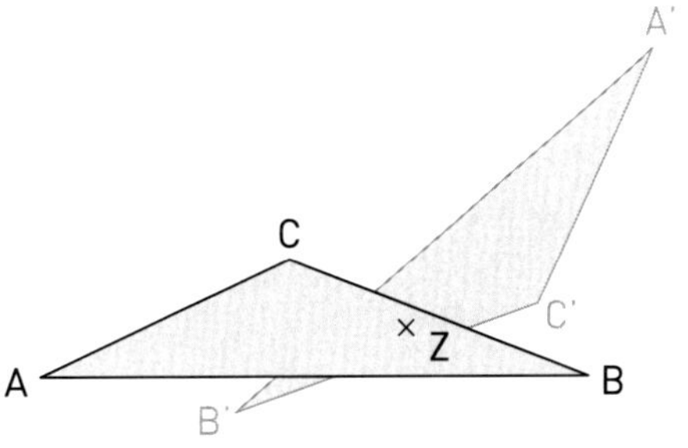

# Bist du kompetent in Umgang mit Raum und Form / Winkel und Bewegungen?

21 **30.a)**

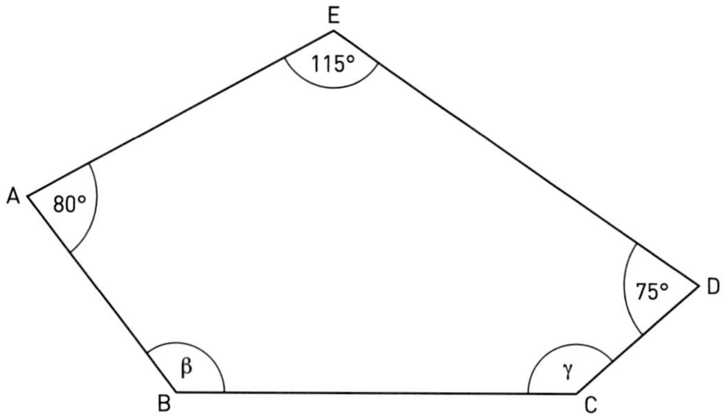


**b)** $\beta = 130°$; $\gamma = 140°$; $\varepsilon = 115°$

**31.** Abbildung a) ist durch eine Verschiebung entstanden, Abbildung d) durch eine Punktspiegelung. Die Abbildungen b) und c) sind weder durch Verschiebung noch durch Spiegelung entstanden.

# 3.1 Dezimale Schreibweise für Bruchzahlen
## 3.1.1 Schreibweise und Aufgabe von Dezimalbrüchen

22 **1.** Steinbach: $\frac{237}{10}$; Halsall: $\frac{2252}{100}$; Jager: $\frac{2181}{100}$; Popow: $\frac{2164}{100}$; Cielo: $\frac{2091}{100}$

**2. a)**

| Aufgabe | r | f | Korrektur | Aufgabe | r | f | Korrektur |
|---|---|---|---|---|---|---|---|
| $0{,}26 = \frac{26}{10}$ | | x | $0{,}26 = \frac{26}{100}$ | $\frac{7842}{1000} = 7{,}842$ | x | | |
| $\frac{76}{100} = 0{,}76$ | x | | | $\frac{23}{50} = 23\,\%$ | | x | $\frac{23}{50} = \frac{46}{100} = 46\,\%$ |
| $7{,}831 = \frac{7}{831}$ | | x | $7{,}831 = 7\frac{831}{1000}$ | $5\frac{8}{100} = 5{,}08$ | x | | |
| $1\frac{2}{10} = 1{,}210$ | | x | $1\frac{2}{10} = 1{,}2$ | $\frac{9}{1000} = 0{,}009$ | x | | |
| $0{,}08 = \frac{8}{10}$ | | x | $0{,}08 = \frac{8}{100}$ | $30\,\% = 0{,}03$ | | x | $30\,\% = 0{,}3$ |

**b)** $\frac{4}{10} = 0{,}4 = 40\,\%$

**3.** 0,7 0,85 0,045 0,009 2,4 3,08 4,26 87,1
5,07 0,008 0,03 0,09 0,208 0,4 0,75 3,079

## 3.1.2 Umformen durch Erweitern und Kürzen

**4.** –

23 **5.**

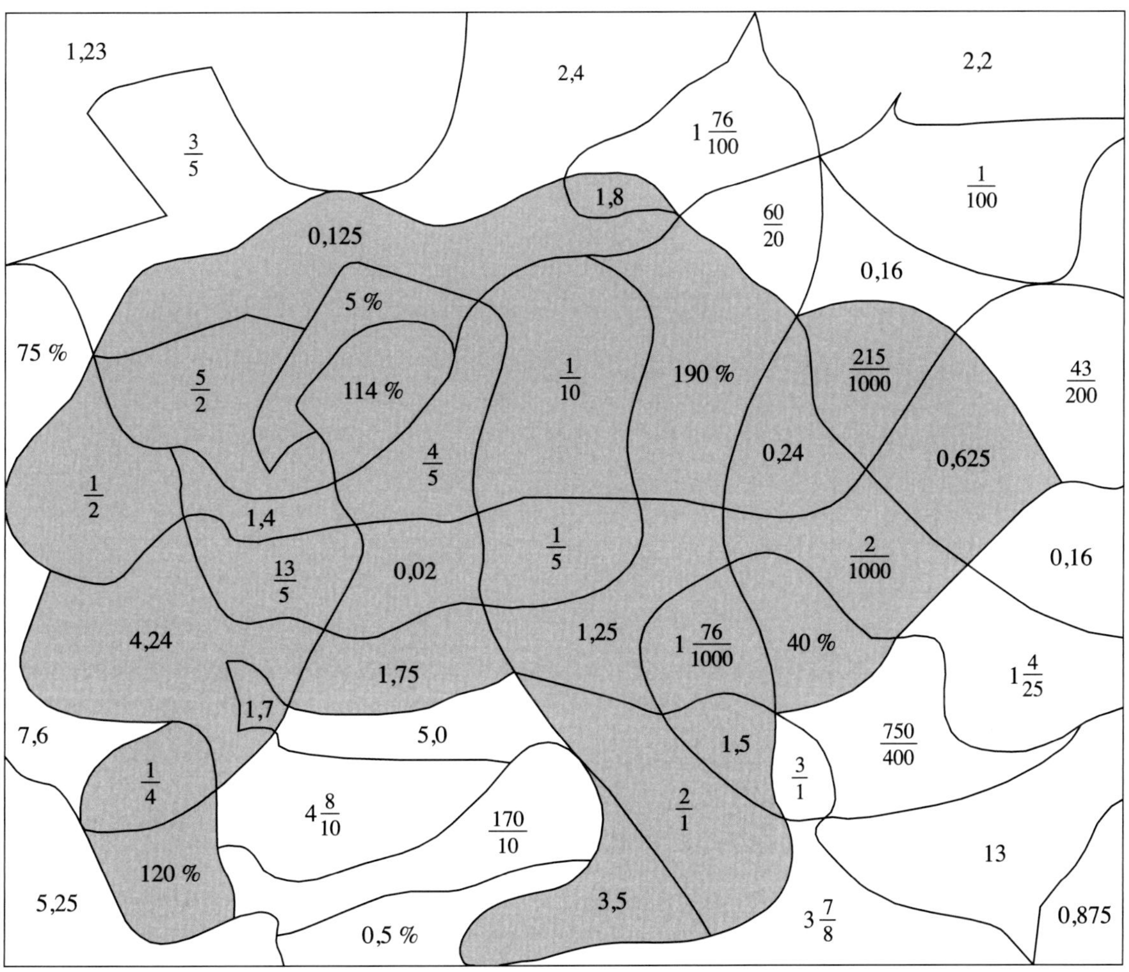

## 3.2 Vergleichen und Ordnen von Dezimalbrüchen

24 **6. a)**

| Stelle | D | E | Z | I | M | A | L |
|---|---|---|---|---|---|---|---|
| Dezimalbruch | 5,73 | 5,86 | 5,25 | 6,07 | 5,42 | 5,06 | 6,25 |

**b)** D < E Z > A I >D Z < L L > M

**7. a)** 2,75 > 2,57 **b)** 0,6 > 0,55 **c)** 0,356 < 0,56 **d)** 0,05 < 0,5

0,101 > 0,100 1,75 > 1,3 88,008 > 8,808 0,80 = 0,800

0,607 < 0,670 0,355 > 0,345 1,97 < 2,306 48,07 = 48,070

**8.**

| | Weite | Name | Jahr | Land |
|---|---|---|---|---|
| 1. | 104,80 | Hohn | 1984 | DDR |
| 2. | 99,72 | Petranoff | 1983 | USA |
| 3. | 98,48 | Zelezny | 1996 | CZE |
| 4. | 89,10 | Boden | 1990 | SWE |
| 5. | 86,74 | Lievore | 1961 | ITA |
| 6. | 86,04 | Cantello | 1959 | USA |
| 7. | 78,70 | Nikkanen | 1938 | FIN |
| 8. | 62,32 | Lemming | 1912 | SWE |

In den Jahren 1983/84 wurden Rekorde aufgestellt, die bis heute nicht gebrochen sind. Trotzdem haben 1990 und 1996 Personen mit geringeren Weiten Rekorde erzielt. Eine mögliche Erklärung ist, dass es 1986 eine Regeländerung gab, die das Werfen neuer Rekorde erschwerte.

## 3.3 Runden von Dezimalbrüchen

**9.**

| | 44,346 m | 1067,125 m | 1,734 m | 0,457 m | 14577,499 m | 8,517 m |
|---|---|---|---|---|---|---|
| Runde auf cm | 44,35 m | 1067,13 m | 1,73 m | 0,46 m | 14577,5 m | 8,52 m |
| Runde auf m | 44 m | 1067 m | 2 m | 0 m | 14577 m | 9 m |
| Runde auf dm | 44,3 m | 1067,1 m | 1,7 m | 0,5 m | 14577,5 m | 8,5 m |
| Runde auf 10 m | 40 m | 1070 m | 0 m | 0 m | 14580 m | 10 m |

25 **10.** 58; 14; 29; 43; 11; 22

**11.** SD-Karte: 7,6 $cm^2$; PC-Taste: 2,4 $cm^2$; USB-Steckplatz: 0,5 $cm^2$

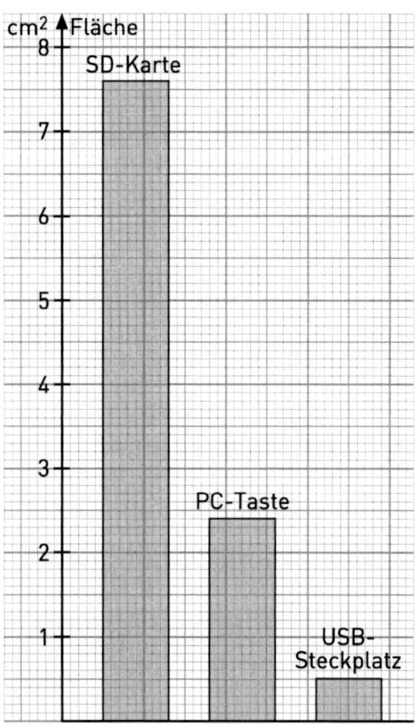

## 3.4 Addieren und Subtrahieren von Dezimalbrüche

25 **12.**

| | | | | | | | | | |
|---|---|---|---|---|---|---|---|---|---|
| **a)** | 6,6 | 7,3 | 8 | 8,7 | 9,4 | 10,1 | 10,8 | 11,5 | 12,2 |
| **b)** | 6,6 | 5,9 | 5,2 | 4,5 | 3,8 | 3,1 | 2,4 | 1,7 | 1 |
| **c)** | 0,5 | 0,75 | 1 | 1,25 | 1,5 | 1,75 | 2 | 2,25 | 2,5 |
| **d)** | 2 | 1,75 | 1,5 | 1,25 | 1 | 0,75 | 0,5 | 0,25 | 0 |

26 **13.**

| | | Endzeit | Zeitunterschied |
|---|---|---|---|
| 1. | Loch | 96,375 s | |
| 2. | Langenhan | 96,659 s | + 0,284 s |
| 3. | Ludwig | 96,825 s | + 0,166 s |

**14. a)** 55 + 44,4 = 99,4 oder 5,5 + 4,44 = 9,94

**b)** wahr; 4,42 – 1,28 = 3,14 oder 44,2 – 12,8 = 31,4

**c)** 8 + 2,22 = 10,22

**d)** 176250 - 3125 = 173125

**e)** wahr oder 3,2 + 2,5 = 5,7

**f)** 647 – 43,5 = 603,5

**g)** wahr oder: 9,2 + 10,8 = 20,0

**h)** 735 + 0,9 = 735,9

**i)** 4,2 + 12 – 2,3 = 13,9

**j)** 1 + 2,45 – 3,06 = 0,39 oder …

**k)** 7,8 + 13,75 + 101 = 122,55

**l)** 170,5 – 17,05 – 1,705 = 151,745

**15. a)**

```
            34,501
       22,75     11,751
   14,05     8,7      3,051
7,35     6,7      2        1,051
```

**b)**

```
            7,84
        6        1,84
   4,5      1,5       0,34
3,123    1,377    0,123    0,217
```

**16. a)**

```
   24,903
 + 95,779
 + 39,542
 + 84,221
   2 2 2 1 1
  ---------
  244,445
```

**b)**

```
   503,12
 - 156,42
    1 1 1
  -------
   346,70
```

**c)**

```
   7,71262
 - 0,04020
 - 6,14835
 - 1,41452
    1 2 1 1
  ---------
   0,20955
```

Die Lösung zu Aufgabenteil a) ist nicht eindeutig. Es gibt verschiedene Lösungsmöglichkeiten.

**17.** 1057,62 = 383,4 + 674,22 | 45,5 = 22,2 + 23,4 | 7,1 = 3,4 + 3,7 | 5,8 = 3,9 + 1,9

255,9 = 106,1 + 149,8 | 8,66 = 8,12 + 0,54 | 8,1 = 4,5 + 3,6 | 35,2 = 23,3 + 11,9

105,6 = 40,5 + 65,1 | 2,89 = 1,78 + 1,11

## Bist du kompetent im Umgang mit Größen und Messen / Angaben mit Bruchzahlen?

27 **18. a)**

| Süßwaren | Gerundete Menge | Anteil |
|---|---|---|
| Schokolade | 10 kg | 31,25 % |
| Zuckerwaren | 6 kg | 18,75 % |
| Feine Backwaren | 7 kg | 21,875 % |
| Knabberartikel | 3 kg | 9,375 % |
| Sonstiges | 6 kg | 18,75 % |
| Gesamtmenge | 32 kg | 100 % |

**b)** 1. Addition der Mengen und dann Prozentwerte berechen:
$(7 + 3) : 32 = \frac{10}{32} = 31{,}25\,\%$

2. Addition der Prozentwerte der Tabelle:
$21{,}875\,\% + 9{,}375\,\% = 31{,}25\,\%$

Beide Wege führen zum gleichen Ergebnis.

**19.** geordnete Weiten: 2,96 m < 3,12 m < 3,12 m < 3,45 m < 4,23 m < 4,32 m

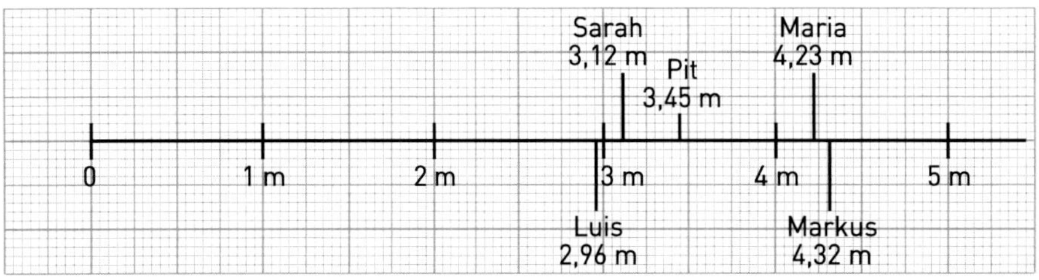


**20. a)** **b)** **c)**

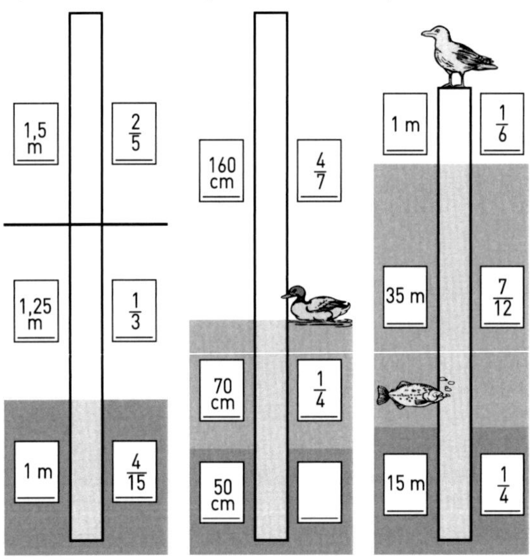


zu **c)** Ein Stab zur Höhenmessung wird 1,5 m in den Boden eines Sees gegraben. $\frac{7}{12}$ seiner Länge sind unter, 1 m über Wasser.

### 3.5 Multiplizieren und Dividieren von Dezimalbrüchen mit Stufenzahlen

28 **21.**

| | | |
|---|---|---|
| $0{,}4 \cdot 100 = 40$ | $8{,}1 : 10 = 0{,}81$ | $3145{,}27 : 100 = 31{,}4527$ |
| $0{,}34 \cdot 10 = 3{,}4$ | $513{,}77 : 1000 = 0{,}51377$ | $6{,}88 \cdot 10 = 68{,}8$ |
| $1{,}345 \cdot 1000 = 1345$ | $3{,}7 : 100 = 0{,}037$ | $1{,}64 \cdot 100 = 164$ |
| $32{,}742 \cdot 10 = 327{,}42$ | $0{,}62 : 100 = 0{,}0062$ | $13{,}245 : 100 = 0{,}13245$ |
| $0{,}07 \cdot 1000 = 70$ | $0{,}0289 : 10 = 0{,}00289$ | $5{,}55 : 100 = 0{,}0555$ |

Lösung:

| 1 | 2 | 3 | 4 | 5 | 6 | 7 | 8 | 9 | 10 | 11 | 12 | 13 | 14 | 15 |
|---|---|---|---|---|---|---|---|---|---|---|---|---|---|---|
| V | E | R | T | R | E | T | U | N | G | S | P | L | A | N |

## 3.6 Multiplizieren von Dezimalbrüche

28 **22. a)** 0,47 · 1,3 ≈ 0,5 · 1,3 = 0,65
**b)** 1,58 · 0,9 ≈ 1,5 · 1 = 1,5
**c)** 1,7 · 3,1 ≈ 1,7 · 3 = 5,1
**d)** 2,5 · 1,8 ≈ 2,5 · 2 = 5

a)
0,47 · 1,3
470
141
0,611

b)
1,58 · 0,9
1,422

c)
1,7 · 3,1
510
17
5,27

d)
2,5 · 1,8
250
200
4,50

**23.** 0,354 · 5,46 = 0,546 · 3,54 35,4 · 54,6 = 3,54 · 546 2,41 · 0,242 = 0,241 · 2,42

74,28 · 0,0152 = 7,428 = 0,152 0,7428 · 15,2 = 7,428 · 1,52 2,41 · 2,42 = 0,241 · 24,2

## 3.7 Dividieren von Dezimalbrüchen

29 ### 3.7.1 Dividieren von Dezimalbrüchen durch natürliche Zahlen

**24. a)**
7,95 : 5 = 1,59
5
29
25
45
45
0

**b)**
24,3 : 6 = 4,05
24
03
0
30
30
0

**c)**
18,14 : 4 = 4,535
16
21
20
14
12
20
20
0

### 3.7.2 Dividieren von Dezimalbrüchen durch Dezimalbrüche

**25.**

| Aufgabe | 19,1193 : 1,01 | 6,2371 : 0,97 |
|---|---|---|
| Schätzung | Quotient größer als Dividend? ........ | Quotient größer als Dividend? ........ |
| Rechnung | 19,1193 : 1,01 = 18,93<br>101<br>901<br>808<br>939<br>909<br>303<br>303<br>0 | 6,2371 : 0,97 = 6,43<br>582<br>417<br>388<br>291<br>291<br>0 |
| Ergebnis | 18,93 | 6,43 |

**29** **26.** Er würde ca. 38,94 ℓ SuperPlus erhalten und ca. 40,03 ℓ Super.

**30** **27.** 1,543 : 1,874 = 1543 : 1874 0,3501 : 14,97 = 35,01 : 1497 5,641 : 12,85 = 0,5641 : 1,285
Die anderen Aufgaben haben keine passenden Partner.

## 3.8 Vermischte Übungen zu allen Rechenarten

**28. a)** Summe:

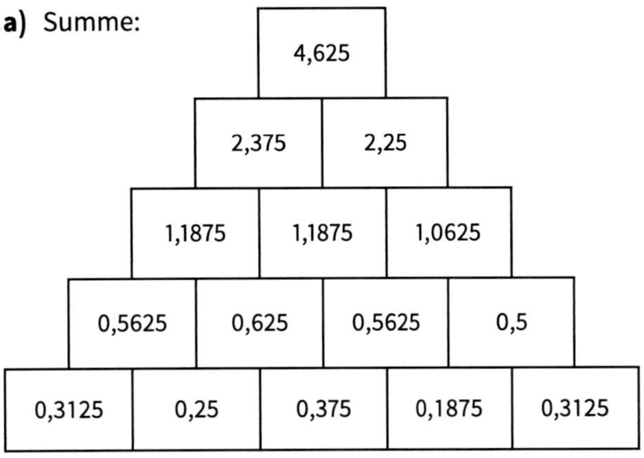


**b)** Produkt:

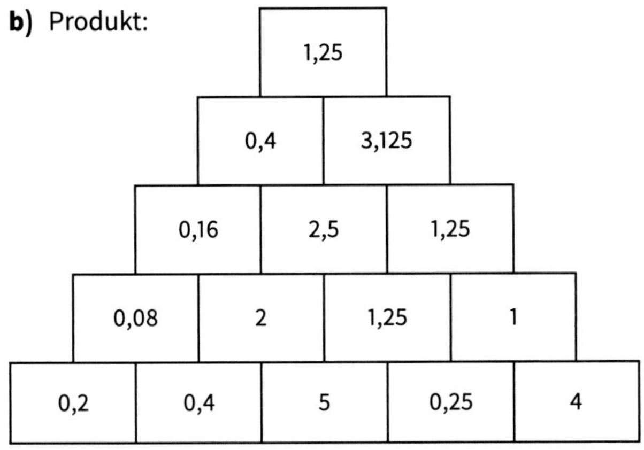


**29.**

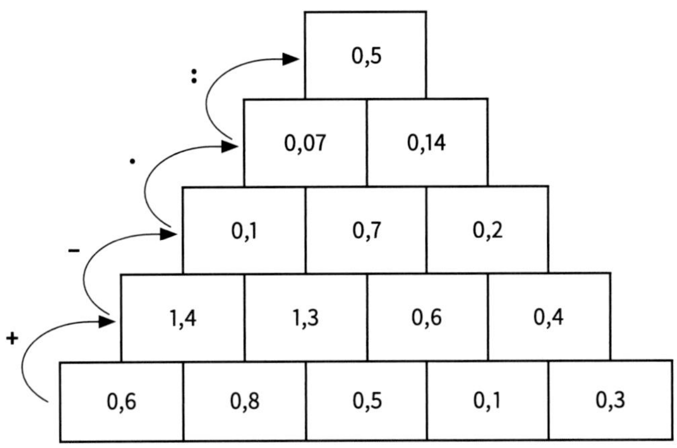


**30.**

| Rätsel von König Zahl | Gesuchte Zahl |
|---|---|
| Die Summe aus 0,625 und der gesuchten Zahl beträgt 1,125 | 0,5 |
| Die Differenz von 0,7 und dem gesuchten Subtrahenden ist 0,46 | 0,24 |
| Der Quotient des gesuchten Dividenden und des Divisors 0,7 ist 3,5 | 2,45 |
| Das Produkt beträgt 0,108. Mit welcher Zahl wurde 0,6 multipliziert? | 0,18 |

## 3.9 Abbrechende und periodische Dezimalbrüche

### 3.9.1 Umformen von Brüchen in Dezimalbrüche

31 **31.** $\frac{8}{10} = 0{,}8$; $\frac{3}{5} = 0{,}3$; $\frac{9}{75} = 0{,}12$; $\frac{23}{500} = 0{,}046$; $\frac{52}{40} = 1{,}3$

```
14 : 18 = 0,77... = 0,7̅
 0
140
126
 140
 126
  140
   ⋮
```

```
6 : 11 = 0,545...
0
60      = 0,5̅4̅
55
 50
 44
  60
  55
   50
    ⋮
```

```
5 : 14 = 0,35714283...
0
50             = 0,3̅5̅7̅1̅4̅2̅8̅
42
 80
 70
 100
  98
   20
   14
    60
    56
     40
     28
     120
     112
       80
       70
       100
         ⋮
```

**32.** Setze eines der Zeichen <, > oder = ein.

| | | | |
|---|---|---|---|
| $0{,}\overline{3}$ < $0{,}34$ | $0{,}\overline{36}$ < $0{,}37$ | $1{,}\overline{1}$ > $1\frac{1}{10}$ | $0{,}\overline{6}$ > $\frac{2}{6}$ |
| $0{,}3\overline{4}$ > $\frac{1}{3}$ | $0{,}\overline{8}$ > $0{,}875$ | $9\frac{2}{5}$ > $9{,}3\overline{5}$ | $\frac{8}{20}$ < $0{,}4\overline{1}$ |

### 3.9.2 Umformen von Dezimalbrüchen in Brüche

**33.**

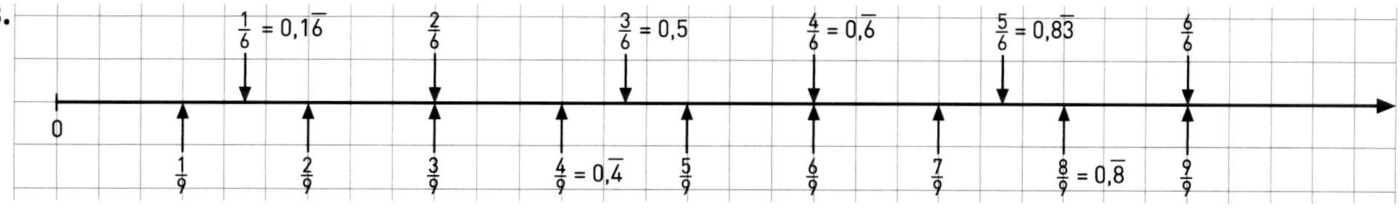

## 4.1 Multiplizieren von Brüchen

**32** **1. a)** $\frac{2}{3}$ von $\frac{1}{5} = \frac{2}{15}$

$\frac{2}{3} \cdot \frac{1}{5} = \frac{2}{15}$

**b)** $\frac{4}{6}$ von $\frac{1}{8} = \frac{4}{48} = \frac{1}{12}$

$\frac{4}{6} \cdot \frac{1}{8} = \frac{4}{48} = \frac{1}{12}$

**c)** $\frac{2}{6}$ von $\frac{3}{4} = \frac{6}{24} = \frac{1}{4}$ oder $\frac{1}{3}$ von $\frac{3}{4} = \frac{3}{12} = \frac{1}{4}$

$\frac{2}{6} \cdot \frac{3}{4} = \frac{6}{24} = \frac{1}{4}$ oder $\frac{1}{3} \cdot \frac{3}{4} = \frac{3}{12} = \frac{1}{4}$

**2. a)** $\frac{1}{2}$ von $\frac{2}{3} = \frac{2}{6} = \frac{1}{3}$

$\frac{1}{2} \cdot \frac{2}{3} = \frac{2}{6} = \frac{1}{3}$

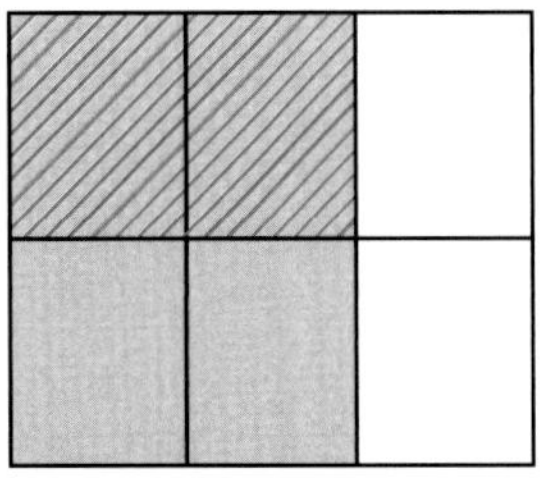

**b)** $\frac{2}{3}$ von $\frac{1}{2} = \frac{2}{6} = \frac{1}{3}$

$\frac{2}{3} \cdot \frac{1}{2} = \frac{2}{6} = \frac{1}{3}$

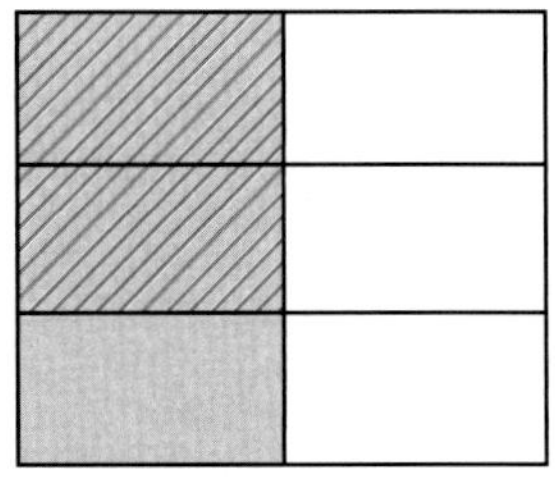

**c)** $\frac{3}{4}$ von $\frac{5}{6} = \frac{15}{24} = \frac{5}{8}$

$\frac{3}{4} \cdot \frac{5}{6} = \frac{15}{24} = \frac{5}{8}$

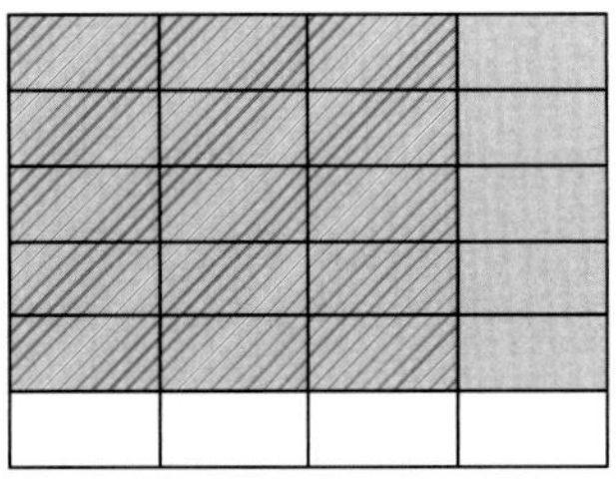

**d)** $\frac{5}{6}$ von $\frac{3}{4} = \frac{15}{24} = \frac{5}{8}$

$\frac{5}{6} \cdot \frac{3}{4} = \frac{15}{24} = \frac{5}{8}$

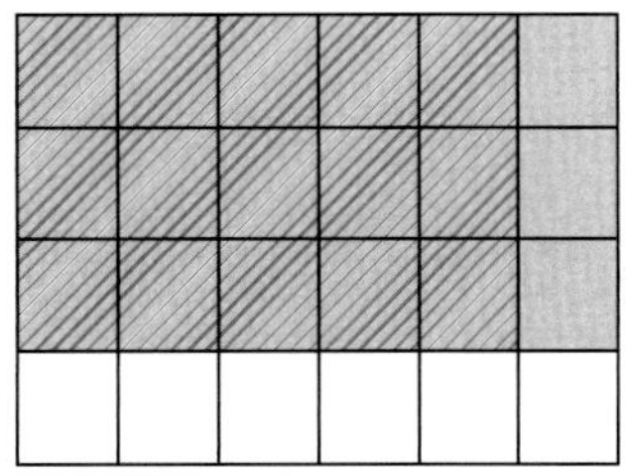

**3. a)** $\frac{1}{3} \cdot \frac{1}{4} \cdot \frac{1}{2} = \frac{1}{24}$

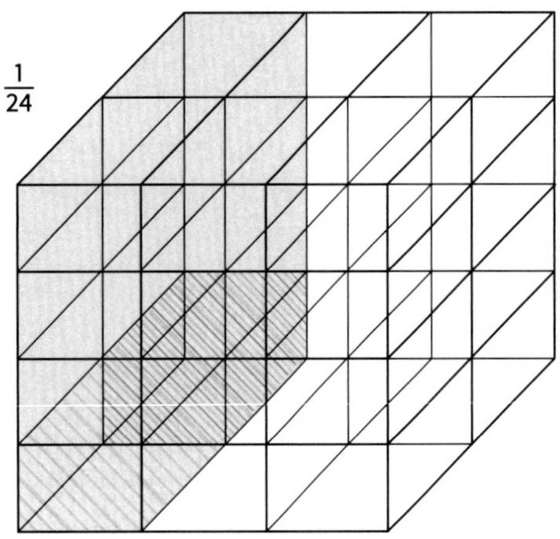

**b)** $\frac{2}{3} \cdot \frac{3}{4} \cdot \frac{1}{2} = \frac{6}{24} = \frac{1}{4}$

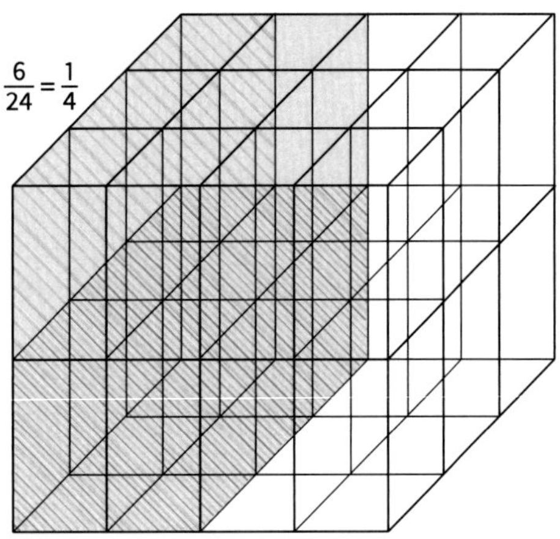

**33** **4.**

| Aufgabe | Ergebnis größer als 1. Faktor | Rechnung |
|---|---|---|
| $\frac{7}{8} \cdot \frac{24}{56}$ | nein | $\frac{\overset{1}{\cancel{7}}}{\underset{1}{\cancel{8}}} \cdot \frac{\overset{3}{\cancel{24}}}{\underset{8}{\cancel{56}}} = \frac{3}{8}$ |
| $\frac{17}{15} \cdot \frac{36}{51}$ | nein | $\frac{\overset{1}{\cancel{17}}}{\underset{5}{\cancel{15}}} \cdot \frac{\overset{4}{\cancel{\overset{12}{\cancel{36}}}}}{\underset{1}{\cancel{\underset{3}{\cancel{51}}}}} = \frac{4}{5}$ |
| $\frac{3}{39} \cdot \frac{26}{11}$ | ja | $\frac{\overset{1}{\cancel{3}}}{\underset{1}{\cancel{\underset{3}{\cancel{39}}}}} \cdot \frac{\overset{2}{\cancel{26}}}{11} = \frac{2}{11}$ |
| $2\frac{8}{18} \cdot 1\frac{1}{4}$ | ja | $2\frac{8}{18} \cdot 1\frac{1}{4} = \frac{\overset{11}{\cancel{44}}}{18} \cdot \frac{5}{\underset{1}{\cancel{4}}} = \frac{55}{18} = 3\frac{1}{18}$ |

**33** **5. a)**

$\frac{3}{4}$

$1$ | $\frac{3}{4}$

$\frac{2}{3}$ | $\frac{3}{2}$ | $\frac{1}{2}$

$\frac{14}{9}$ | $\frac{3}{7}$ | $\frac{7}{2}$ | $\frac{1}{7}$

**b)**

$\frac{160}{2187}$

$\frac{40}{81}$ | $\frac{4}{27}$

$\frac{5}{9}$ | $\frac{8}{9}$ | $\frac{1}{6}$

$\frac{5}{6}$ | $\frac{2}{3}$ | $\frac{4}{3}$ | $\frac{1}{8}$

**6. a)** Multipliziere ich zwei Brüche, die jeweils kleiner sind als 2, so ist das Ergebnis kleiner als 4.

**b)** Multipliziere ich zwei Brüche, die jeweils größer als 1 sind, so ist das Ergebnis größer als 1.

**c)** Addiere ich zwei Brüche, die jeweils größer als 1 sind, so ist das Ergebnis größer als 1.

**d)** Addiere ich zwei Brüche, die jeweils kleiner als 3 sind, so ist das Ergebnis kleiner als 6.

**e)** Potenziere ich einen Bruch, der kleiner als 1 ist, so ist das Ergebnis kleiner als 1.

**7. a)** $\left(\frac{2}{3}\right)^2 = \frac{4}{9}$ **c)** $\left(\frac{2}{5}\right)^3 = \frac{8}{125}$ **e)** $\left(1\frac{1}{2}\right)^2 = 2\frac{1}{4}$ **g)** $\left(\frac{4}{6}\right)^1 = \frac{2}{3}$

**b)** $\left(\frac{1}{4}\right)^3 = \frac{1}{64}$ **d)** $\left(\frac{3}{4}\right)^1 = \frac{3}{4}$ **f)** $0^5 = 0$ **h)** $\left(\frac{3}{2}\right)^3 = \frac{27}{8}$

**34** ## 4.2 Dividieren von Brüchen

**8. a)**

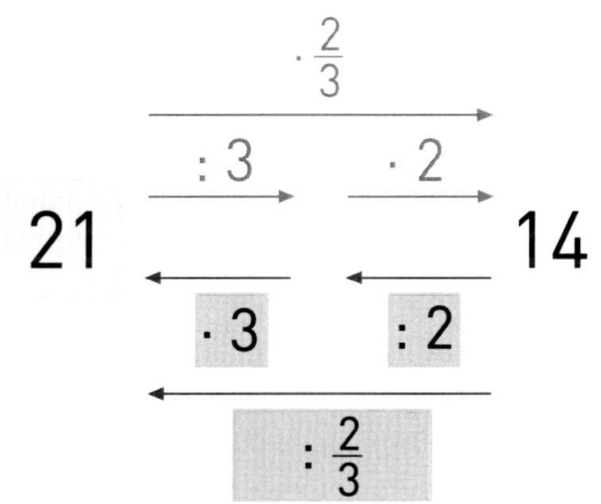


Aufgabe: $14 : \frac{2}{3} = 21$

**b)**

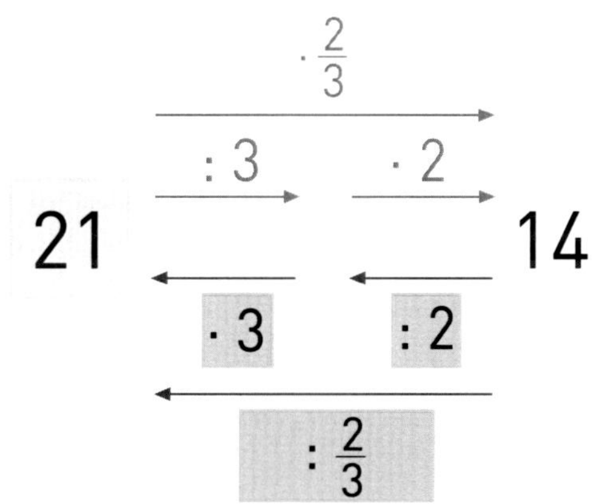


Aufgabe: $\frac{6}{5} : \frac{3}{4} = \frac{8}{5}$

**9.**

| x | $\frac{5}{4}$ | $\frac{11}{12}$ | $\frac{6}{1} = 6$ | $\frac{7}{7} = 1$ | $\frac{1}{3}$ | $\frac{10}{9}$ | $\frac{0}{8} = 0$ |
|---|---|---|---|---|---|---|---|
| Kehrwert von x | $\frac{4}{5}$ | $\frac{12}{11}$ | $\frac{1}{6}$ | $\frac{7}{7} = 1$ | $3 = \frac{3}{1}$ | $\frac{9}{10}$ | – |

Der Kehrwert von $\frac{0}{8}$ ist nicht bildbar, da eine Division durch 0 mathematisch nicht definiert ist.

34 **10. a)**

| : | $\frac{2}{3}$ | $\frac{3}{4}$ | $\frac{4}{8}$ | 1 |
|---|---|---|---|---|
| $\frac{1}{2}$ | $\frac{3}{4}$ | $\frac{2}{3}$ | 1 | $\frac{1}{2}$ |
| $\frac{5}{3}$ | 2,5 | $\frac{20}{9}$ | $\frac{10}{3}$ | $\frac{5}{3}$ |
| $\frac{5}{6}$ | $\frac{5}{4}$ | $\frac{10}{9}$ | $\frac{5}{3}$ | $\frac{5}{6}$ |
| $\frac{4}{3}$ | $\frac{2}{1}$ | $\frac{16}{9}$ | $\frac{8}{3}$ | $\frac{4}{3}$ |
| $\frac{3}{5}$ | $\frac{9}{10}$ | $\frac{4}{5}$ | $\frac{6}{5}$ | $\frac{3}{5}$ |
| $\frac{1}{6}$ | $\frac{1}{4}$ | $\frac{2}{9}$ | $\frac{1}{3}$ | $\frac{1}{6}$ |

**b)**

$\frac{1}{81}$

$\frac{4}{27}$ | $\frac{1}{12}$

$\frac{4}{9}$ | $\frac{1}{3}$ | $\frac{1}{4}$

$\frac{2}{3}$ | $\frac{2}{3}$ | $\frac{1}{2}$ | $\frac{1}{2}$

**11.**

| Aufgabe | Der Quotient wird größer sein als der Dividend. Kreuze an. | Rechnung |
|---|---|---|
| $\frac{3}{11} : \frac{9}{22}$ | ☒ Richtig<br>☐ Falsch | $\frac{3}{11} \cdot \frac{22}{9} = \frac{6}{9} = \frac{2}{3}$ |
| $\frac{9}{5} : \frac{27}{25}$ | ☐ Richtig<br>☒ Falsch | $\frac{9}{5} \cdot \frac{25}{27} = \frac{5}{3}$ |
| $\frac{28}{9} : \frac{7}{12}$ | ☒ Richtig<br>☐ Falsch | $\frac{28}{9} \cdot \frac{12}{7} = \frac{16}{3}$ |
| $\frac{6}{7} : 1\frac{1}{2}$ | ☐ Richtig<br>☒ Falsch | $\frac{6}{7} : \frac{3}{2} = \frac{6}{7} \cdot \frac{2}{3} = \frac{4}{7}$ |

## 4.3 Rechnen mit Brüchen und Dezimalbrüchen

35 **12.** $\frac{3}{4} + \frac{1}{3} = \frac{13}{12}$ $\quad \frac{3}{4} \cdot \frac{1}{3} = \frac{1}{4}$ $\quad \frac{3}{4} - \frac{1}{3} = \frac{5}{12}$ $\quad \frac{3}{4} : \frac{1}{3} = \frac{9}{4} = 2{,}25$

$\frac{3}{4} + 0{,}2 = 0{,}95$ $\quad \frac{3}{4} \cdot 0{,}2 = \frac{3}{20}$ $\quad \frac{3}{4} - 0{,}2 = 0{,}55 = \frac{11}{20}$ $\quad \frac{3}{4} : 0{,}2 = \frac{15}{4} = 3{,}75$

$0{,}5 + \frac{1}{3} = \frac{5}{6}$ $\quad 0{,}5 \cdot \frac{1}{3} = \frac{1}{6}$ $\quad 0{,}5 - \frac{1}{3} = \frac{1}{6}$ $\quad 0{,}5 : \frac{1}{3} = \frac{3}{2} = 1{,}5$

$0{,}5 + 0{,}2 = 0{,}7$ $\quad 0{,}5 \cdot 0{,}2 = 0{,}1$ $\quad 0{,}5 - 0{,}2 = 0{,}3$ $\quad 0{,}5 : 0{,}2 = \frac{5}{2} = 2{,}5$

**13.** Nein, das ist nicht möglich, denn für die einfache Menge benötigt Thies $\frac{1}{4}\ell + 0{,}12\,\ell + 0{,}85\,\ell + 0{,}7\,\ell + \frac{3}{8}\ell = 2{,}295\,\ell$, für die doppelte Menge des Rezepts braucht er also 4,49 ℓ.

## 4.4 Berechnen von Termen

36

**14.**

<table>
<tr><td>Term</td><td>$\frac{3}{4} \cdot \left(\frac{17}{10} + 0{,}8\right)$</td><td>$(0{,}64 + 1{,}46) \cdot \left(\frac{34}{30} - \frac{8}{15}\right)$</td></tr>
<tr><td>Text</td><td>Ich multipliziere die Summe aus $\frac{17}{10}$ und 0,8 mit $\frac{3}{4}$.</td><td>Ich multipliziere die Summe aus 0,64 und 1,46 mit der Differenz aus $\frac{34}{30}$ und $\frac{8}{15}$</td></tr>
<tr><td>Rechenbaum</td><td>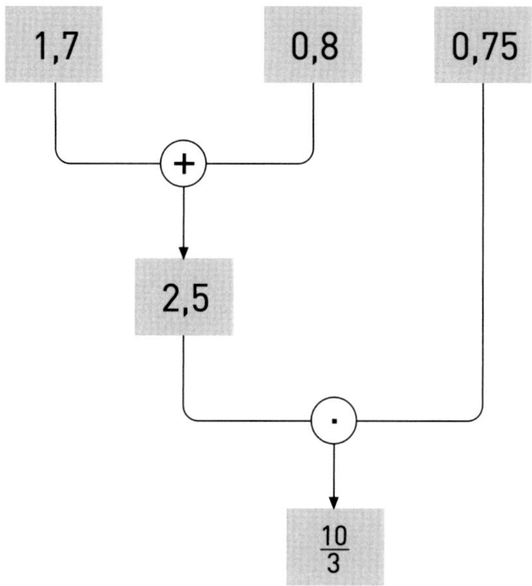
</td><td>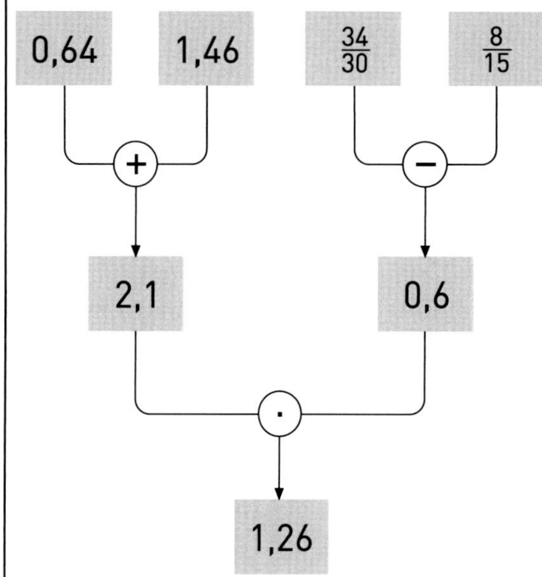
</td></tr>
<tr><td>Term</td><td>$(0{,}35 + 0{,}45) \cdot 3{,}25 : 1{,}3$</td><td>$\left(1{,}4 + \frac{14}{5}\right) \cdot 1{,}1$</td></tr>
<tr><td>Text</td><td>Ich multipliziere die Summe aus 0,35 und 0,45 mit 3,25 und dividiere das Ergebnis durch 1,3.</td><td>Ich multipliziere die Summe aus 1,4 und $\frac{14}{5}$ mit 1,1.</td></tr>
<tr><td>Rechenbaum</td><td>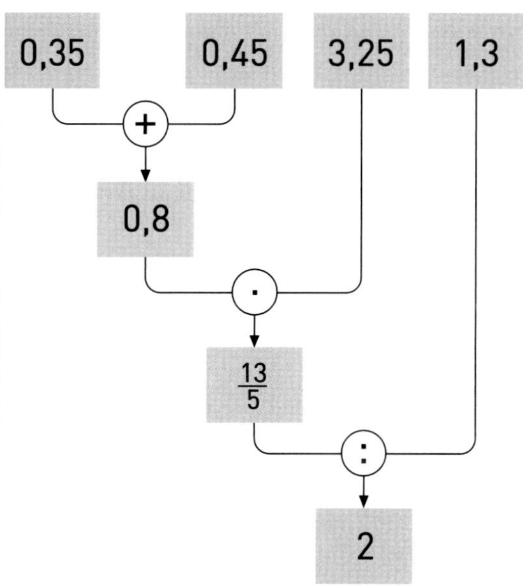
</td><td>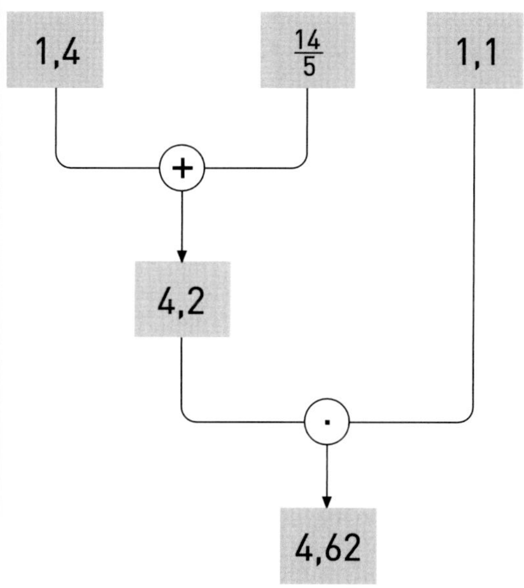
</td></tr>
</table>

## 4.5 Rechengesetze für Multiplikation und Division

### 4.5.1 Kommutativgesetz und Assoziativgesetz der Multiplikation

37 **15.**

| Aufgabe | Welcher Weg scheint dir am günstigsten zu sein? | | Deine Rechnung |
|---|---|---|---|
| $\frac{5}{11}\cdot\frac{28}{27}\cdot\frac{9}{7}$ | | $\frac{5}{11}\cdot\frac{28}{27}\cdot\frac{9}{7}$ | $\frac{5}{11}\cdot\left(\frac{28}{27}\cdot\frac{9}{7}\right)=\frac{5}{11}\cdot\frac{4}{3}=\frac{20}{33}$ |
| | | $\frac{5}{11}\cdot\frac{9}{7}\cdot\frac{28}{27}$ | |
| | X | $\frac{5}{11}\cdot\left(\frac{28}{27}\cdot\frac{9}{7}\right)$ | |
| $\frac{3}{8}\cdot\frac{5}{13}\cdot\frac{4}{9}$ | | $\frac{3}{8}\cdot\frac{5}{13}\cdot\frac{4}{9}$ | $\frac{3}{8}\cdot\frac{4}{9}\cdot\frac{5}{13}=\frac{1}{6}\cdot\frac{5}{13}=\frac{5}{78}$ |
| | X | $\frac{3}{8}\cdot\frac{4}{9}\cdot\frac{5}{13}$ | |
| | | $\frac{3}{8}\cdot\left(\frac{4}{9}\cdot\frac{5}{13}\right)$ | |
| $\frac{18}{35}\cdot\frac{7}{27}\cdot\frac{11}{12}$ | X | $\frac{18}{35}\cdot\frac{7}{27}\cdot\frac{11}{12}$ | $\frac{18}{35}\cdot\frac{7}{27}\cdot\frac{11}{12}=\frac{2}{5}\cdot\frac{1}{3}\cdot\frac{1}{12}=\frac{2}{15}\cdot\frac{11}{12}=\frac{11}{90}$ |
| | | $\frac{18}{35}\cdot\left(\frac{7}{27}\cdot\frac{11}{12}\right)$ | |
| | | $\frac{18}{35}\cdot\frac{11}{12}\cdot\frac{7}{27}$ | |

### 4.5.2 Distributivgesetz

**16.** 1. Möglichkeit: $9\cdot(0{,}95\,€+0{,}25\,€)=9\cdot 1{,}20\,€=10{,}80\,€$

2. Möglichkeit: $9\cdot 0{,}95\,€+9\cdot 0{,}25\,€=8{,}55\,€+2{,}25\,€=10{,}80\,€$

Die 1. Möglichkeit ist günstiger.

## 4.6 Vergleich der Zahlbereiche der natürlichen Zahlen und der Bruchzahlen

**17.** Die Aussagen 1, 2, 3, 6 und 7 sind wahr.

## Bist du kompetent im Argumentieren und Kommunizieren Rechenwege analysieren?

39 **18. a)** ist nicht zulässig,

Beispiel: $\frac{3}{5}\cdot\frac{4}{7}=\frac{12}{35}\neq 12=\frac{420}{35}$ „=“ $\frac{21}{35}\cdot\frac{20}{35}=\frac{3}{5}\cdot\frac{4}{7}$

**b)** ist unzulässig:

Beispiel: $\frac{1}{3}+\frac{1}{2}=\frac{5}{6}\neq\frac{2}{5}=\frac{1+1}{3+2}$ „=“ $\frac{1}{3}+\frac{1}{2}$

**19. a)** Es wurde vergessen, die imaginäre 1 des ersten Produkts mit in die Klammern zu nehmen.

**b)** $4\cdot\frac{1}{3}+\frac{4}{5}\cdot\frac{1}{3}=4\cdot\left(\frac{1}{3}+\frac{1}{15}\right)$

**20.** Notwendig ist diese Vereinbarung für Subtraktion und Division.

Beispiel: $3:9\neq 9:3$

## 5.1 Absolute und relative Häufigkeiten und deren Darstellung

**39** **1. a)** 1. Fehler: Die Pfeilspitze an der Achse fehlt.
2. Fehler: Beschriftung der x-Achse fehlt.
3. Fehler: Die Säule für Auto ist zu breit.
4. Fehler: Die Säule für Zug ist zu niedrig.
5. Fehler: „zu Fuß“ fehlt an der rechten Säule.
6. Fehler: An der Hochachse steht 5 statt 6.

**b)**

| | Absolute Häufigkeit | Relative Häufigkeit | Prozent (%) |
|---|---|---|---|
| Auto | 1 | $\frac{1}{25}$ | 4 % |
| Bus | 12 | $\frac{12}{25}$ | 48 % |
| Zug | 4 | $\frac{4}{25}$ | 16 % |
| zu Fuß | 8 | $\frac{8}{25}$ | 32 % |
| gesamt | 25 | $\frac{25}{25} = 1$ | 100 % |

**c)**

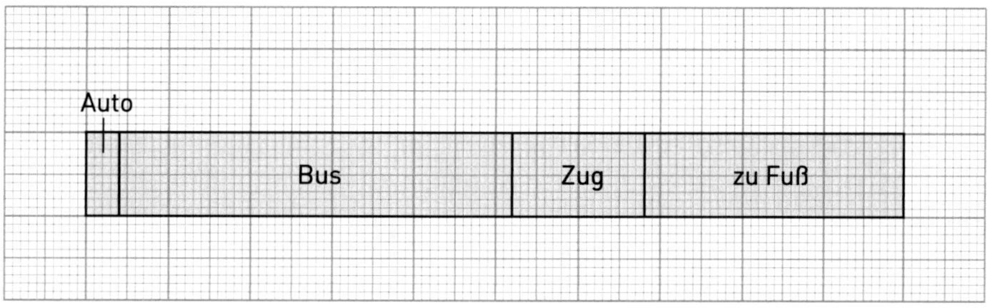


**40** **2. a)**

| Ergebnis | in Ordnung | nur Licht defekt | nur Bremsen defekt | beides defekt | Summe |
|---|---|---|---|---|---|
| absolute Häufigkeit | 54 | 18 | 12 | 6 | 90 |
| relative Häufigkeit | $\frac{54}{90} = \frac{3}{5}$ | $\frac{18}{90} = \frac{1}{5}$ | $\frac{12}{90} = \frac{2}{15}$ | $\frac{6}{90} = \frac{1}{15}$ | 1 |
| relative Häufigkeit in Prozent | 60 % | 20 % | $13\frac{1}{3}$ % | $6\frac{2}{3}$ % | 100 % |

**b)**

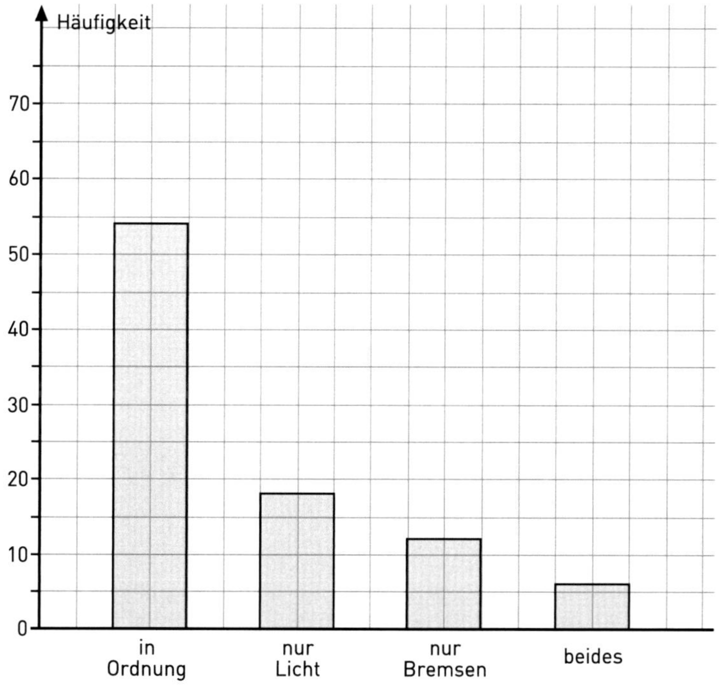

## 5.2 Bildliche Darstellungen von Daten und ihre Wirkungen auf einen Betrachter

41 **3. a)** Der Anstieg wird in der räumlichen Darstellung mit den Zelten stärker hervorgehoben.

**b)**

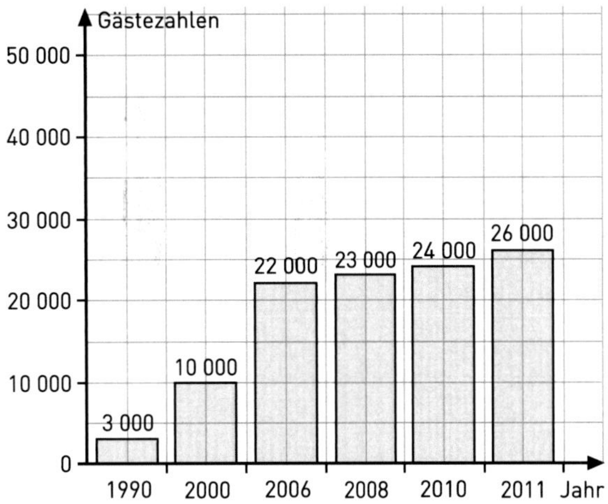


**c)** Im Säulendiagramm zum Artikel beginnt die Hochachse nicht bei 0.

**d)** Zum Beispiel: 1990: Zelt 2 2000: Zelt 3 2010: Zelt 5

## 5.3 Arithmetisches Mittel

42 **4. a)** Arithmetisches Mittel: 183,33 €

**b)**

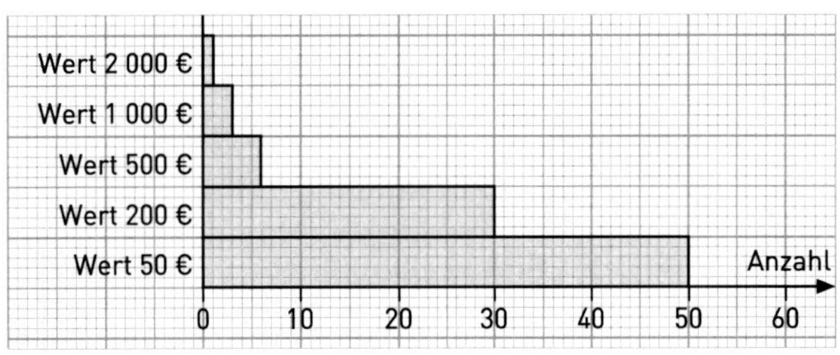


**5. a)** nach dem dritten oder viertel Mal

**b)/c)/d)** –

## Bist du kompetent in Umgang mit Darstellungen und Werkzeugen? Tabellenkalkulation

43 **6. a)** Wie viele Kinder der 6a für Essen 1 gestimmt haben.

**b)** Die relative Häufigkeit der einzelnen Vorschläge.

**c)** Jeweils 26.

**d)** 9

**e)** Essen 1: türkis; Essen 2: rot; Essen 3: grün; Essen 4: lila; keins: hellblau.

**f)** Für die 6a stimmt das, für die 6c nicht. Insgesamt ist Essen 3 am beliebtesten.

**g)** Das Diagramm liefert darüber keine Aussagen.

**h)** Weil die Auswertung für beide Klassen separat erfolgt ist. Es wäre besser, ein Kreisdiagramm für beide Klassen zu haben.

**i)** Das Kreisdiagramm drückt die Anteile deutlicher aus. Prinzipiell ist die Verwendung eines Streifendiagramms aber auch möglich.

## 6.1. Einführung der ganzen Zahlen

44 **1.** +16 °C; –5 °C; –4 °C; –8 °C; +4 °C; –1 °C

**2. a)**

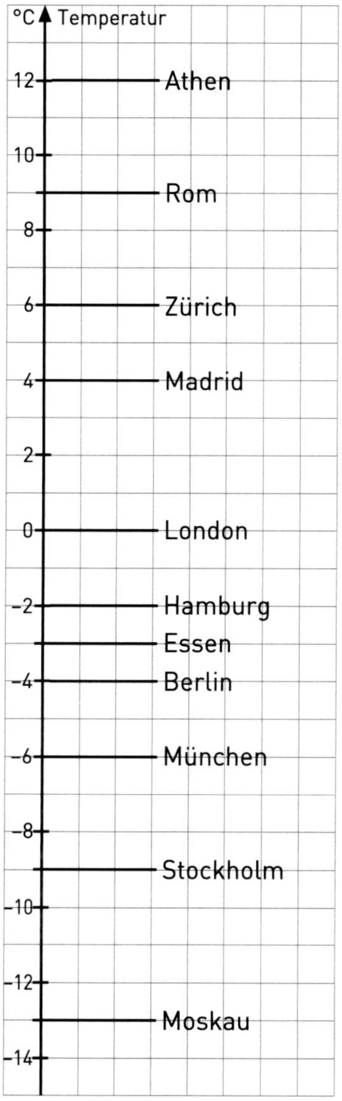


**b)** **(1)** Athen; **(2)** Helsinki; **(3)** 29 Grad

**c)** In Berlin ist die Lufttemperatur um 13 Grad niedriger als in Rom und um 2 Grad höher als in München.
Zwischen München und Stockholm ist der Temperaturunterschied genau so groß wie zwischen München und Essen und zwischen Zürich und Rom.
Zwischen München und Hamburg beträgt die Temperaturdifferenz 4 Grad. Sie ist genau so groß wie zwischen den Städten Moskau und Helsinki sowie den Städten London und Madrid sowie den Städten Berlin und London sowie den Städten Stockholm und Moskau.

## 6.2 Koordinatensystem

45 **3. a)** und **b)**

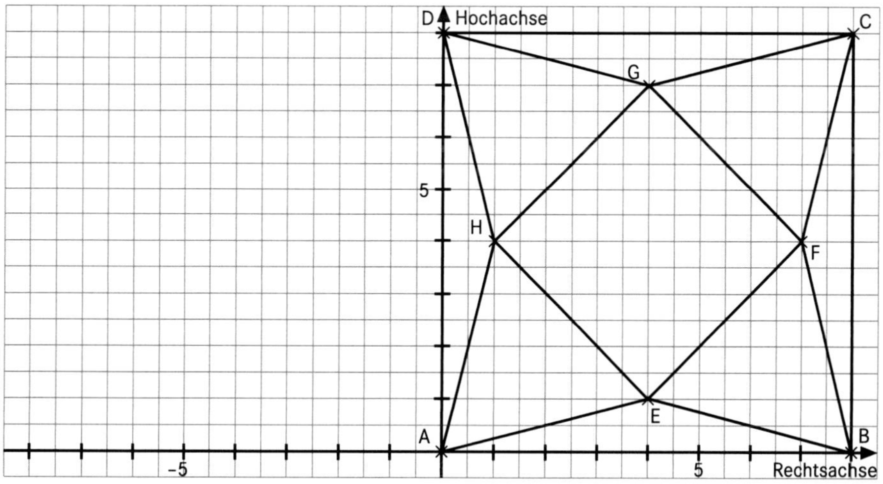

**45** **3.** *Fortsetzung*

**c)**

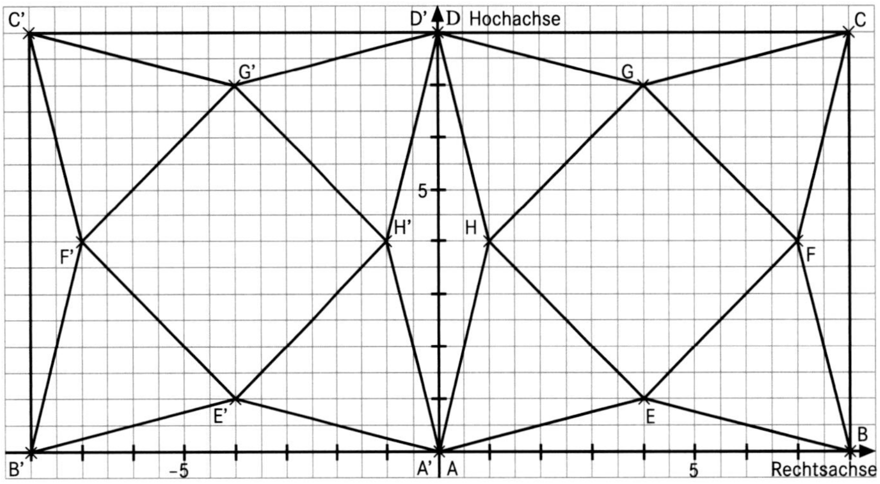


A'(0 | 0), B'(–8 | 0), C'(–8 | 8), D'(0 | 8), E'(–4 | 1), F'(–7 | 4), G'(–4 | 7), H'(–1 | 8)

**d)**

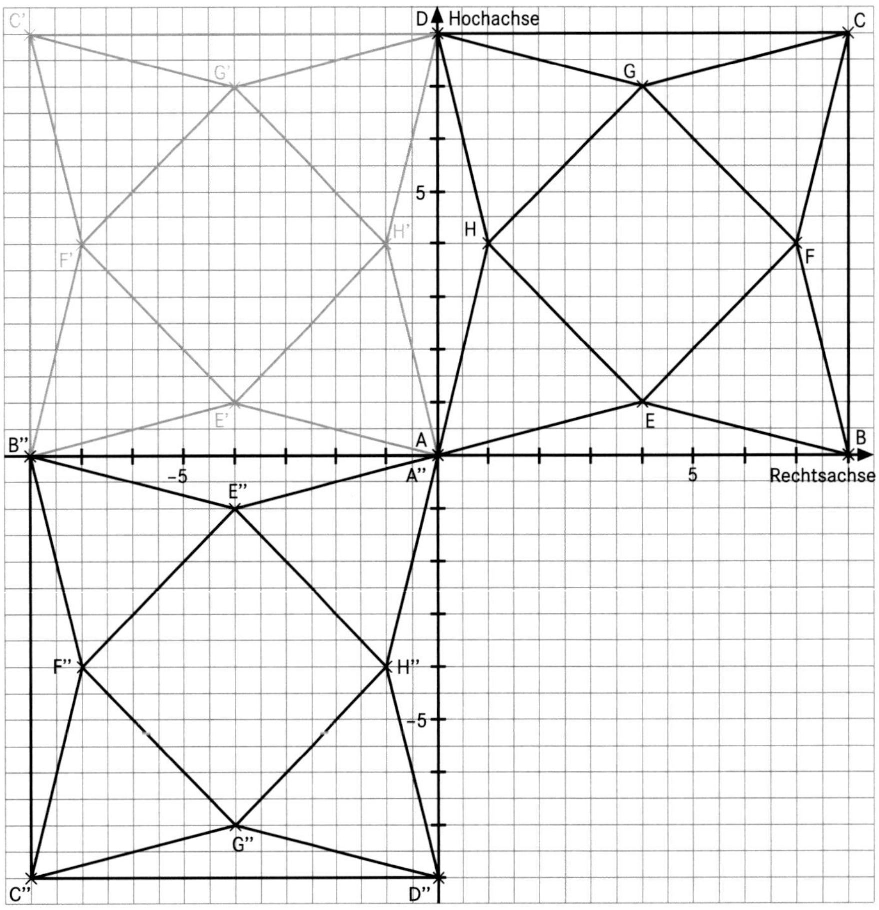


A"(0 | 0), B"(–8 | 0), C"(–8 | –8), D"(0 | –8), E"(–4 | –1), F"(–7 | –4), G"(–4 | –7), H"(–1 | –8)

45 **3.** *Fortsetzung*

**e)**

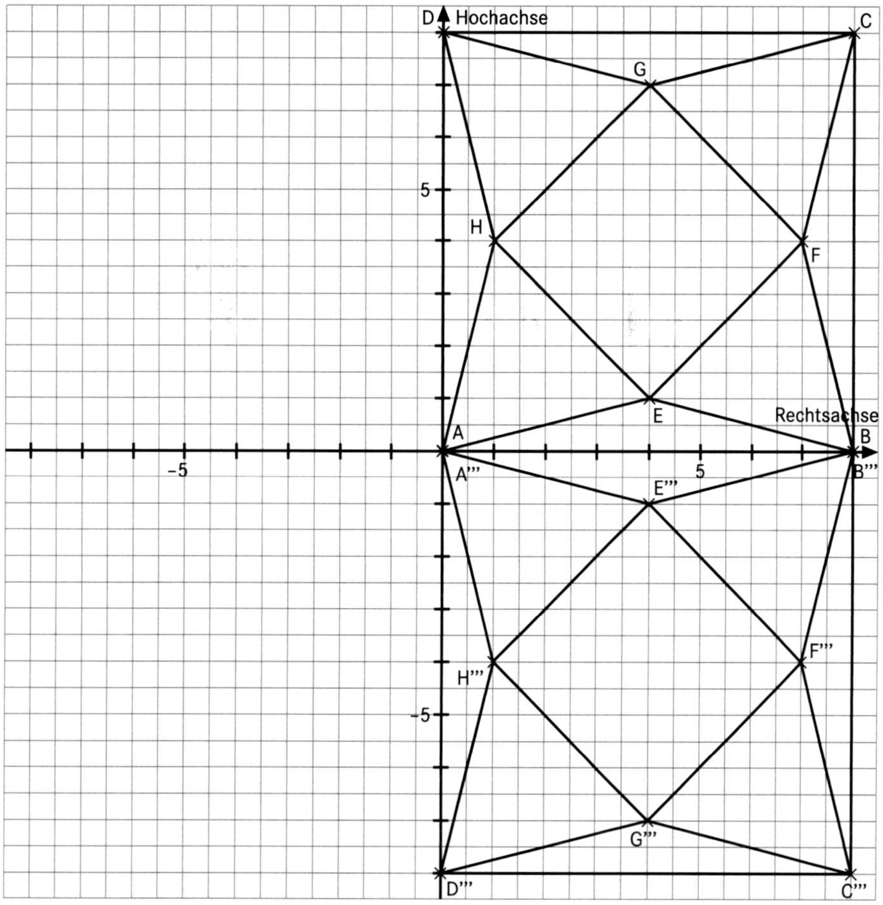


A'''(0|0), B'''(8|0), C'''(8|–8), D'''(0|–8),
E'''(4|–1), F'''(7|–4), G'''(4|–7), H'''(1|–4)

**f)** –

## 6.3 Vergleichen und Ordnen

46 **4. a)** –5 < –3 –8 > –18 9 < 11 –1000 < –100 –342 < –243

–16 < –15 2 > –2 –9 > –11 –21 < 12 –2322 < –2232

**b)** –7 < –6,5 < –6 –4 < –3 < –1 0 < 2 < +3 –1 < 0 < 1

**5. a)** MONTAG **b)** WINTER **c)** AUGUST

**6.** Markiere folgende Zahlen auf der Zahlengeraden:

**a)** –3; 7; –5; +4; 2; –2; +3; –4; –7

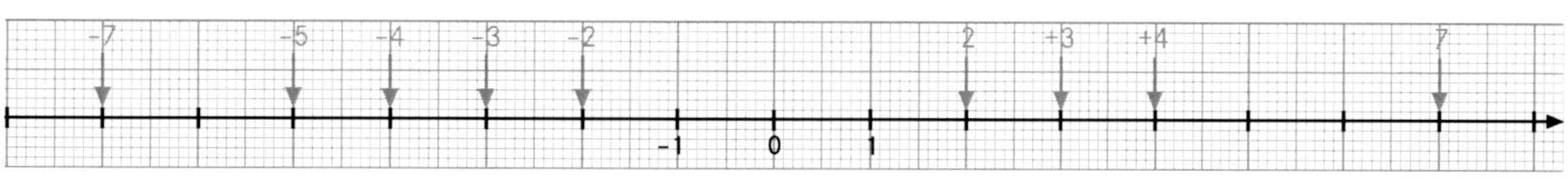


**b)** –150; –50; +200; +25; –175; +75; –125; +175; +190

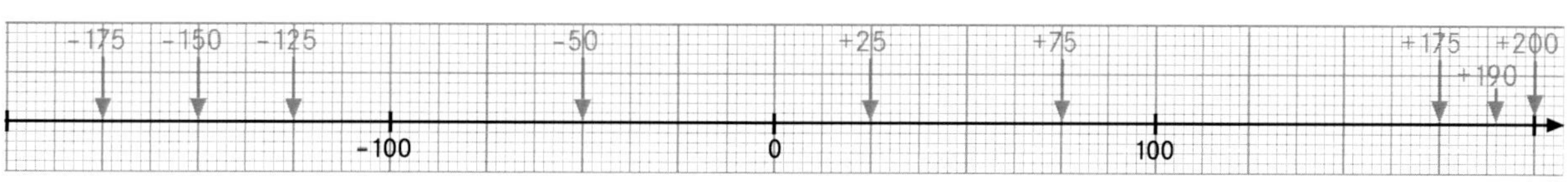

46 **7. a)** 6; −2 **b)** 10; 1 **c)** 5; −5 **d)** 15; 0 **e)** 4; −5 **f)** 2; 3 **g)** 8; −4

## 6.4 Addieren und Subtrahieren einer positiven Zahl

47 **8. a)**

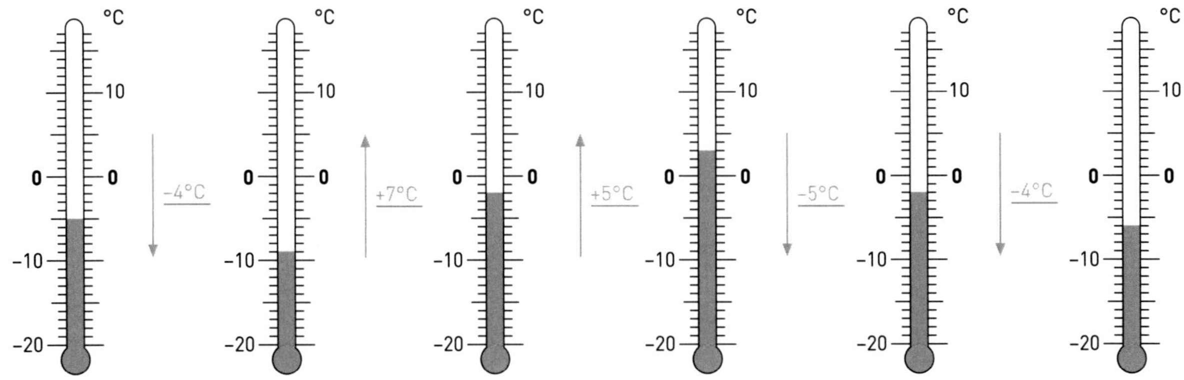


**b)**

| Datum | 7.12. | 8.12. | 9.12. | 10.12. | 11.12. | 12.12. |
|---|---|---|---|---|---|---|
| Mitternachtstemperatur | −1 °C | −2 °C | 1 °C | 2 °C | −1 °C | −3 °C |

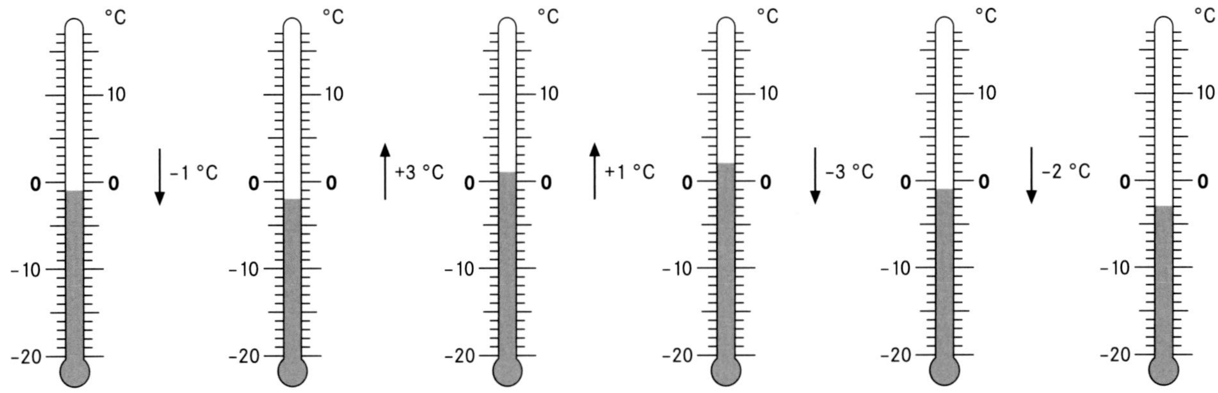


**9.**

-7 + 5 = -2

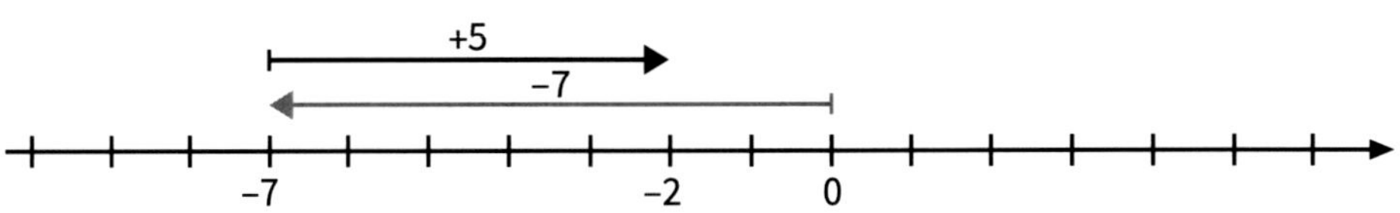


-8 + 13 = +5

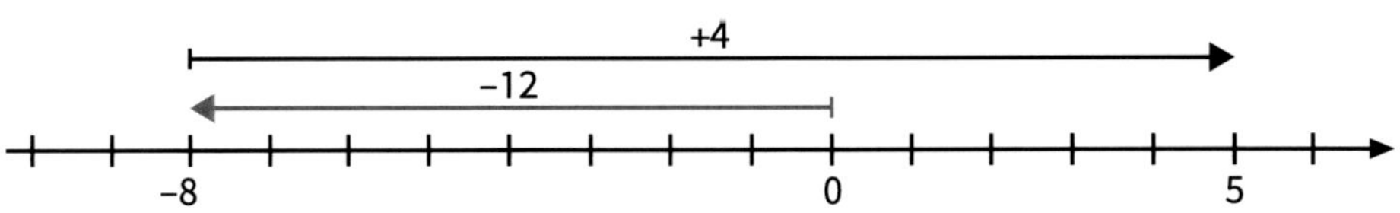


4 - 12 = -8

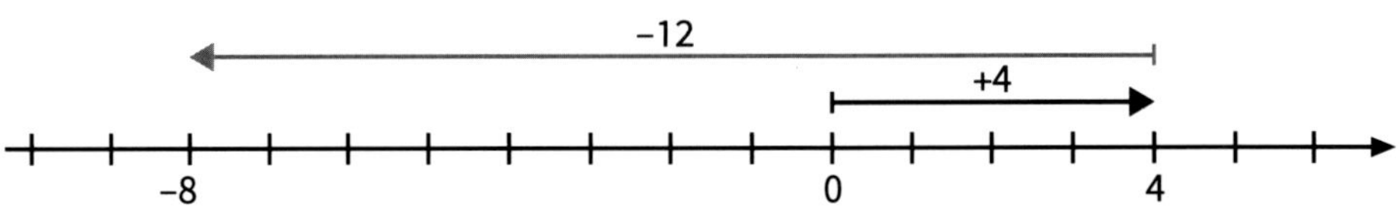


-4 - 2 = -6

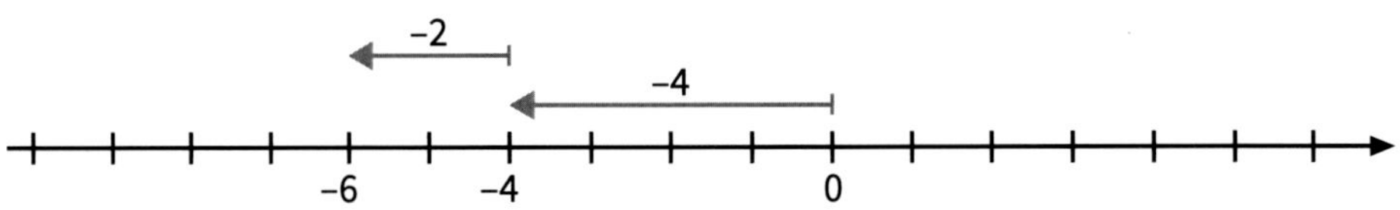

48 **10.**

x + 3 = − 2

x = − 2 − 3 = − 5

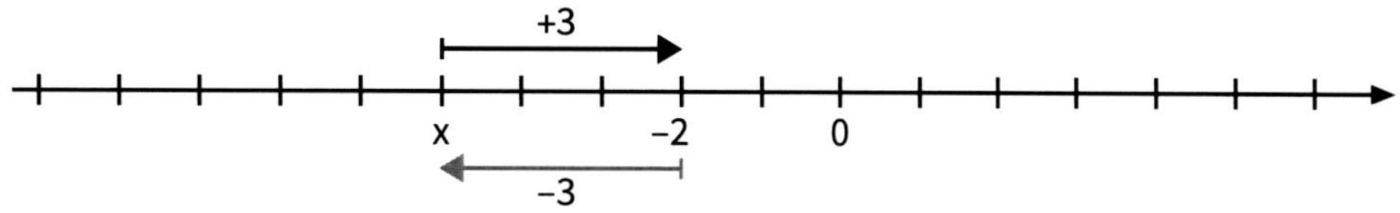


x + 7 = 5

x = 5 − 7 = − 2

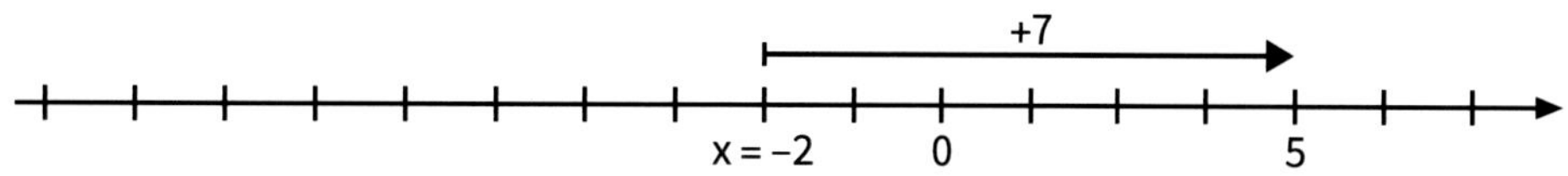


x + 7 = − 3

x = − 3 − 7 = − 10

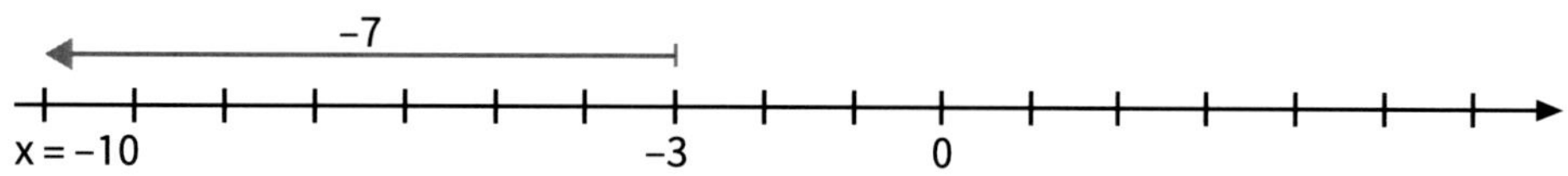


x − 6 = − 10

x = − 10 + 6 = − 4

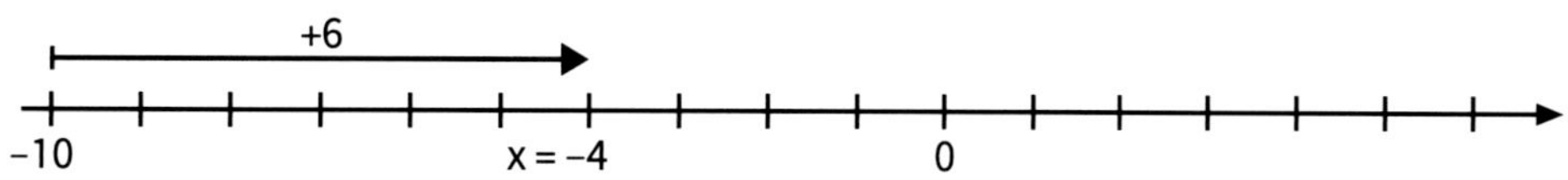


## 6.5 Vervielfachen und Teilen ganzer Zahlen

**11.**

−12 · 3 = − 36 −15 : 3 = − 5 56 : 7 = 8

−13 · 4 = − 52 −120 : 24 = − 5 −63 · 7 = − 9

**12.**

− 3 · 4 = -12

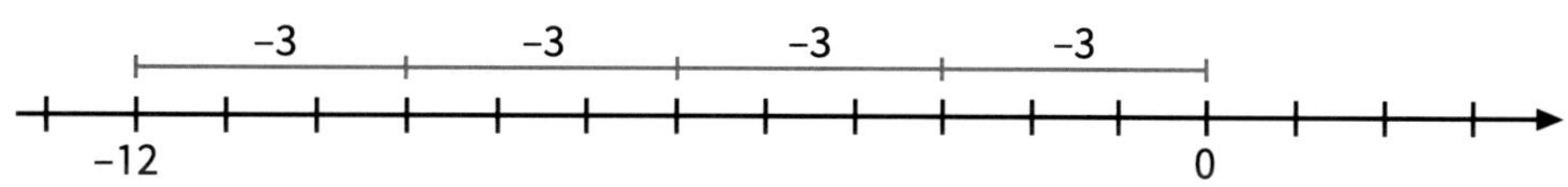


− 5 · 2 = -10

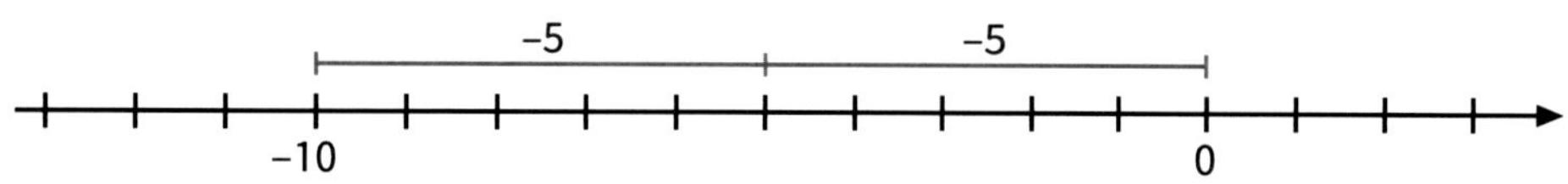


− 2 · 3 = -6

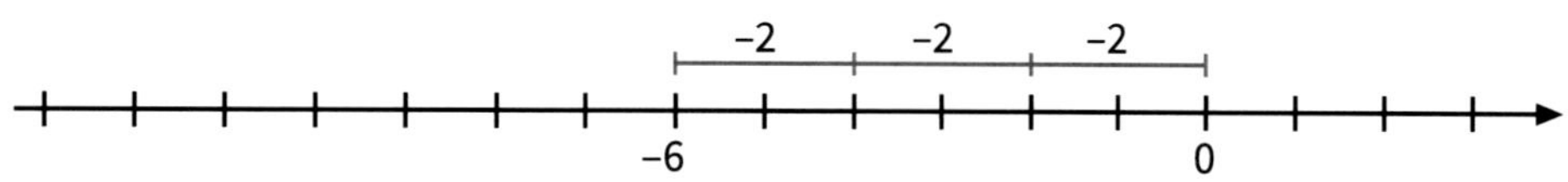


-12 : 2 = -6

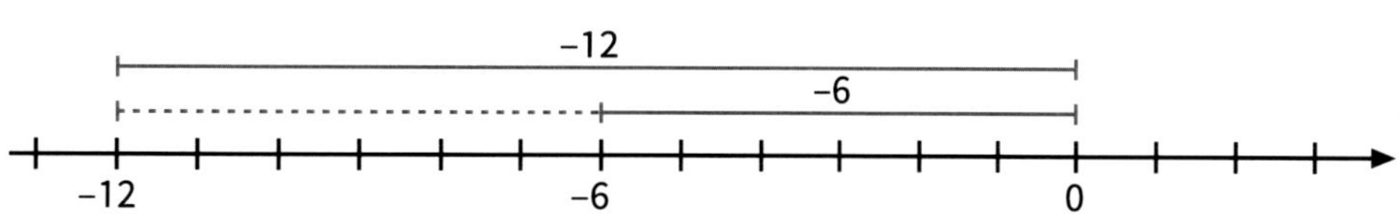


-8 : 4 = -2

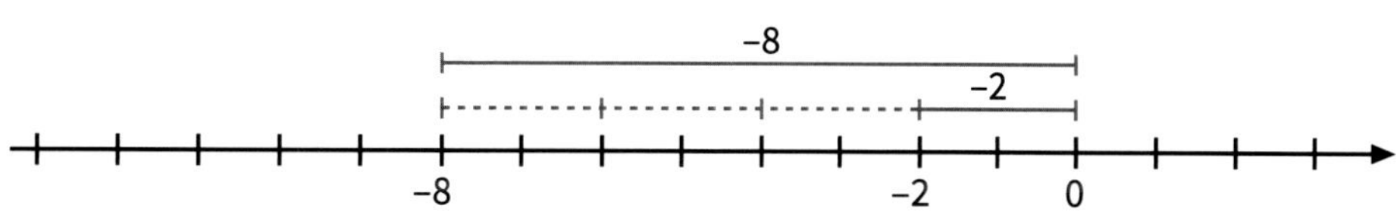


-12 : 3 = -4

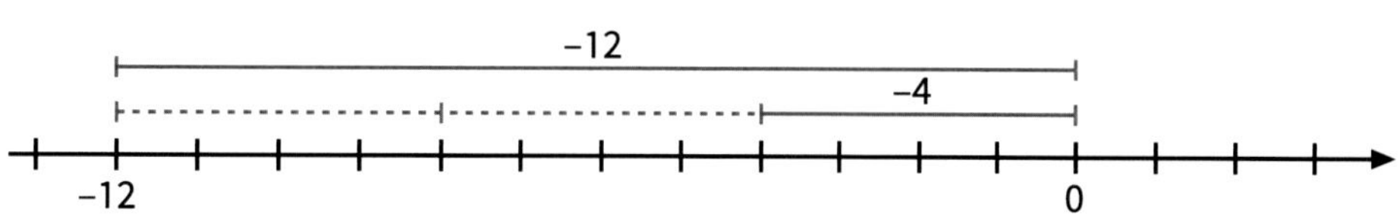